猪福利评价指南

ZHUFULI PINGJIA ZHINAN

杨晓静　赵茹茜　主编

中国农业出版社

图书在版编目（CIP）数据

猪福利评价指南 / 杨晓静　赵茹茜主编. -- 北京 :
中国农业出版社，2014.12
ISBN 978-7-109-19509-7

Ⅰ. ①猪… Ⅱ. ①杨… ②赵… Ⅲ. ①养猪学－评价－指南 Ⅳ. ①S828-62

中国版本图书馆CIP数据核字(2014)第192837号

中国农业出版社出版
（北京市朝阳区麦子店街18号楼）
（邮政编码100125）
策划编辑　邱利伟　雷春寅
文字编辑　马晓静

中国农业出版社印刷厂印刷　　新华书店北京发行所发行
2014年12月第1版　　2014年12月北京第1次印刷

开本：889mm×1194mm 1/32　印张：3.5　插页：1
字数：75 千字
定价：20.00元

本书编审人员

主　　编　杨晓静　赵茹茜（南京农业大学）

副 主 编　姚　文　孙钦伟

编写人员　姚　文　周　波　连新明

马文强　孙钦伟　杨晓静　（南京农业大学）

郝　月（中国农业科学院 北京畜牧兽医研究所）

王丽娜（华南农业大学）

李荣杰（上海市农业科学院）

主　　审　王林云（南京农业大学）

前言

近年来我国养殖业带来的环境污染、疫病频发以及畜产品质量安全问题，不仅令畜牧业蒙受了巨大的经济损失，也直接危及人类的健康。如何实现我国畜牧业的可持续发展，受到人们的广泛关注。

畜禽福利旨在根据畜禽的生物学特性，合理运用各种现代生产技术来满足它们的生理和行为需要，从而提高畜禽健康水平。实现畜禽福利养殖具有积极的实际意义：① 通过改善畜禽福利，减少疾病的发生率，减少用药，提高畜禽产品质量安全，从而保障人类自身的健康；② 通过提高畜禽福利，发挥动物更大的生产潜力，从而提高生产效率。

国际上最早关注畜禽福利的是欧洲。目前在猪福利上欧盟已经采取了取消仔猪无麻醉去势以及逐步取消妊娠母猪限位栏等措施来保护猪的福利。欧盟畜禽福利评价委员会经过5年的研究，制订出了猪福利评价标准《welfare quality assessment protocol for pigs》，该评价标准从养殖条件以及畜禽健康等方面较为全面地评价了猪养殖福利状况。编译这本书时，我们重点参考了该标准的评价方法。编译之前，为了对该评价标准有更好的理解，我们邀请了该评价标准的撰写者西班牙 Antoni Dalmau博士和Antonio Velarde 博士（Institute of Agrifood Research and Technology，IRTA）到南京进行了理论和实际操作的培训。参加本书编写的全体人员均参加了此次培训，并取得了合格证书。

结合欧盟猪福利评价标准，我们在华南、华东以及华北的一些猪场进行了实地评价，根据福利评价的经验，并结合我国养殖场的实际情况，我们对部分评价指标以及评分方式进行了改编。

在本书的编译过程中，南京农业大学王林云教授参与了该书的审核。该书的出版得到了农业部公益性行业专项“畜禽福利养殖关键技术体系研究与示范”（201003011）的经费资助，在此一并表示感谢。

因编者知识水平所限，书中难免存在不足，敬请广大读者批评和指正。

编译组

2014年3月

目 录

第一章

农场动物福利概述

一、什么是农场动物福利

“动物福利”一词，在西方发达国家和一些发展中国家，成为大众话题已有多年历史。在我国，尽管当前动物福利也已进入日常生活的诸多方面，如媒体、经济、贸易、畜牧生产和食品安全等领域，但是多数人对于动物福利的认识还很有限，并且经常容易和动物权利混淆。

（一）动物福利

几十年来，有关动物福利的概念存在较为激烈的争论，众多研究者给出了不同的定义，大致可以概括为三个方面：身体、精神和天性（图1.1）。

表述动物的身体状态是动物福利的传统定义。Hughes（1982年）提出：动物和自然或者环境保持和谐为动物福利。但由于和谐仅是一种状态，无法科学测量，因此该定义并不被广泛接受。Broom（1986年）认为：动物福利是指动物试图应对周围环境时的身体状态，因此可通过评价动物的生理指标反映其福利状态。但是Duncan（1993年）认为动物的精神状态在福利评价中充当着举足轻重的角色，由此提出用健康、无压力或者好的身体状态来评价动物是否拥有好的福利是不全面的，真正的福利还应考虑动物的感受。

动物满足其自然需求的能力称为天性。天性受挫将会严重损害动物的福利。Rollin（1993年）认为：动物区别于植物的一个重要特点就是拥有需求和愿望，动物福利不仅仅意味着其免受疼痛和伤害，能够表达动物的天性才是动物福利的终极目的。因此，动物福利的评价应综合考虑动物身体、精神和天性这三个方面。

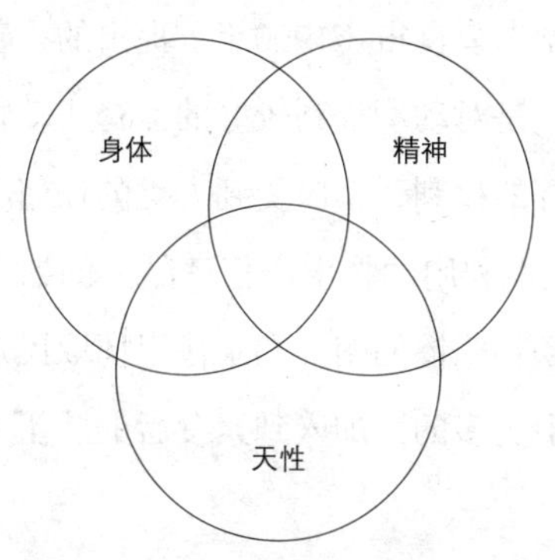

图1.1　动物福利的三个方面

目前，国际上比较通用的评价动物福利的指标为“五项自由”（表1.1），即动物享有免受饥渴的自由，生活舒适的自由，免受疼痛、伤害和疾病的自由，表达天性的自由以及免受恐惧和精神痛苦的自由。“五项自由”结合了动物身体、精神和天性3个方面的需求，为评价动物福利提供了理论指导。

表1.1　动物福利的五项自由

项目	内容
免受饥渴的自由	提供充足卫生的水和食物使动物保持健康和活力
生活舒适的自由	提供舒适的环境，包括庇护所和休息区
免受疼痛、伤害和疾病的自由	预防疾病，快速诊断和及时治疗
免受恐惧和精神痛苦的自由	确保免受精神痛苦的条件和处置方法
表达天性的自由	提供足够的空间，合适的设施以及能够与同类伙伴在一起

动物福利不同于动物权利。动物福利是指减少对动物不必要的伤害，即不反对利用动物生产畜产品，但又希望能够为动物提供较好的生活条件以及人道屠宰，反对由于人类活动给动物带来的任何痛苦。我国台湾学者夏良宙（1990年）提出的“善待活着的动物，减少死亡的痛苦”是对动物福利较好的诠释。动物权利则提倡动物应享受与人类同等的权利，不应受到人类的任何干涉（如被人类处死），坚决反对人类利用动物生产畜产品。例如，动物权利保护者会拍摄一些农场动物悲惨的图片和录像以博取民众对农场动物遭遇的同情，从而吸引更多的人加入到素食者的队伍中（李如治和颜培实，2012）。

（二）农场动物福利

农场动物，是指身体或其产出能满足人们肉用、乳用、蛋用、皮毛等社会生活需要的动物，一般包括家养的猪、马、牛、羊、鸡、鸭、鹅、火鸡、鸽、兔、鱼类等，但我们平时关注的农场动物通常指养殖量比较大的猪、鸡、牛等。农场动物福利就是根据农场动物的生物学特性，通过改进生产工艺，降低动物的疾病发生和身体损伤，促进其天性行为的表达，从而提高农场动物生产力的整体水平。

农场动物福利起源较早。1821年来自爱尔兰的国会议员Richard Martin向国会提出“禁止对马的错误治疗”，引起了英国国会议员的注意。1822年他将对象扩展至大型家畜，倡议设立草案“阻止对牛等牲畜的残酷和不合理的对待”获得批准，该草案被称为“马丁法令”。该法令是人类历史上第一部反对人类任意虐待动物的法令，是人类与动物关系史上的一个里程碑。农场动物的福利问题集中出现于集约化生产之后，人类为了追求高产高效，发明了饲养系统，尤其是蛋鸡的层架式笼养、猪的妊娠限位栏以及牛的板条栏，这些系统虽然显著提高了农场动物的生产效率，降低了人力成本，却同时导致了农场动物的疾病增加、身体损伤加剧以及异常行为增多。1964年Ruth Harrison出版了“动物机器（Animal Machines）”一书，该书重点关注了畜禽集约化养殖生产过程的福利问题。为了回应该书的出版以及日益增长的社会诉求，英国政府在1965年成立调查小组，专门评估集约化养殖中动物的福利状况。在此基础上，1967年“农场动物福利咨询委员会”（1979年更名为农场动物福利委员会）成立，首次提出了动物享有“站立、躺卧、转身、自我修饰和伸展四肢”的自由，这一指导方针被详述为目前广泛认可的“五项自由”（表1.1）。

近年来因农场动物的福利水平会直接影响消费者的购买欲，动物福利状况已成为一些国家评价动物性产品质量的重要环节。例如英国皇家防止虐待动物协会（Royal Society for The Prevention of Cruelty To Animals，RSPCA）依据“五项自由”制定的“自由食品计划”。在北美，“质量保证体系”也将食品安全和农场动物福利放在同等重要的位置。与此同时，研究者为了满足消费者的此类需求，也开始研究农场动物养殖、运输和屠宰过程中提高其福利状况的方法和手段。

二、为什么要关心农场动物福利

关心农场动物福利首先是出于对农场动物生存伦理的思考。农场动物福利强调农场动物也应具有基本的生活权利，人类应该关怀和善待农场动物。现代集约化的养殖过程中，为了提高生产效率，养殖场的规模不断扩大，农场动物生产周期不断缩短，产量虽然大幅提高，但是动物的生存空间日益狭小并且生活环境极度的单调，这些都极大地限制了其正常行为的表达，动物甚至处在持续的应激状态。农场动物福利就是要保障动物基本的自然需求。

开展农场动物福利也是出于对人类健康的担忧，开展动物福利的最终目的是通过改善农场动物的生存环境，生产出安全、优质的畜产品。近年来由于不规范的养殖，国内动物疫病频发，为了防止疫病爆发，养殖者使用了大量的抗生素及药物。实行动物福利养殖后，为动物提供的舒适、卫生、环境压力小的饲养环境将有助于增强农场动物的免疫力，减少药物的使用量，极大地降低畜产品中药物的残留。同时动物健康也是整个公共卫生体系中不可或缺的重要因素。据世界卫生组织报道，在过去十年中，危害人类健康的新型疾病约有75%是由动物或动物制品所携带的病原体引起的。人畜共患病不但威胁动物健康，造成养殖业的巨大损失，而且也严重威胁公众健康和生命安全。关心动物福利就是关爱人类健康。

实施农场动物福利有利于人类生态环境保护，农场动物养殖是现代农业的重要组成部分，保护好农场动物的生活环境，就是维护了地球生态环境。农场动物福利与人类的道德密切联系，农场动物福利工作的开展有利于促进人与自然的协调发展。一个国家的国民对待动物态度，在某种程度上也是衡量一个社会文明程度的重要标志。

关心农场动物福利也牵涉经济问题。农场动物福利影响我国的对外贸易，欧盟及美国、加拿大等国都有动物福利方面的法律，世界贸易组织的规则中也有明确的动物福利条款。动物福利已经成为我国面临的又一个国际贸易壁垒。另一方面，由于市场的推动，动物福利有可能成为国内新一轮畜产品价格上涨的原因。

畜产品利益相关者，包括养殖者、食品加工企业、零售商、消费者、研究者、政府相关部门以及非政府组织等，对农场动物福利的关注程度也有差别。养殖者、食品加工企业和零售商更多地从商业、经济和政策导向等方面考虑农场动物福利，关注受动农场物福利影响的养殖技术参数和动物生产效率。一些养殖者担心提高农场动物福利会增加生产成本，但实际上，很多研究表明动物良好的福利状态可以提高其生产效率，增加养殖者的收入。例如，有研究表明适当降低猪饲养密度可以提高其生长速率；良好的人畜关系可以提高奶牛的产奶量等。此外，相比常规饲养的农场动物，福利条件下生产的畜产品往往可以卖出较高的价格，一些消费者也愿意购买福利较好的畜产品，这些将进一步推动养殖者、食品加工企业和零售商对农场动物福利的追求。

European Commission（2006年）针对消费者的调查结果显示，80%以上的欧洲人认为欧洲农场动物福利状况是中等和非常差，78%的人认为动物福利大有改善的空间。在美国的类似调查也表明，69%的调查者认为农场动物不应遭受痛苦，但只有1%的调查者认为应该确保其拥有快乐和满足的生活。在我国，随着生活水平的提高以及食品安全事件的频繁发生，人们对畜产品质量也提出了较高的要求，因此农场动物福利状况日益受到关注。在农业部公益性行业专项“畜禽福利养殖关键技术体系研究与示范”的实施过程中，我们的调查（2011年）表明，72.9%的受调查中国公众认为，为了动物产品的质量和安全，人类应该改善猪鸡的饲养条件，65.8%的公众赞同或比较赞同为动物福利立法，强迫生产者为猪鸡等提供良好的生长和生存条件。

三、农场动物福利的评价方法

动物福利学科是一个多学科交叉的综合学科，包括动物行为学、动物生理学、动物营养学、动物遗传学和兽医学等，因此在评价整体动物福利时也应包含有各个方面的指标。福利评价指标的选择必须建立在科学研究的基础上，尽管每个指标的权重是根据福利评价目的而主观设定的，但也都应有科学依据。动物福利的评价不可能完全客观，不同的评价体系对于各种指标的选择以及权重不同，其评价结果可能会不同。

总体来说，这些指标分为两个方面: ① 以环境和管理为基础的评价，主要是评价农场动物的环境状况是否适合其生存，包括农场动物的养殖密度，地板类型，畜舍温湿度，以及是否去势、剪牙等。饲养环境和管理的好坏对畜禽健康有直接作用，因此以环境以及管理为基础的评价是评价农场动物福利最基本、最实用的方法。② 以动物为基础的评价，主要是对农场动物实际福利状态的评价，可以更加直接地反映动物的福利状况。以动物为基础的评价主要包括四个方面：动物的整体状态，健康状况，生理状况以及行为表现。在欧洲，最初的动物福利评价主要集中在动物饲养环境和管理上，后来动物行为和动物健康等指标也被逐渐发展用来评价动物的福利状态。

动物福利的评价是一个复杂的过程，其关键是科学合理地选择评价指标。这些指标的筛选需要建立在动物福利科学的基础上，全面考虑影响农场动物福利的诸多因素。评价体系中的指标之间需要具有一定的逻辑性，而不是评价指标的简单堆积。对评价指标的要求可以概括为三个方面：① 有效性，是指评价体系中的指标在多大程度上能够反映动物的福利问题，其评价的准确性、特异性以及科学性如何，这是选择动物福利评价指标时首先需要考虑的。② 可重复性，是指对同一个动物进行多次重复地检测能够得到相似的结果。它包括同一个评价员对该动物进行多次的评价能够得到相似的结果，也包括不同评价员之间的评价结果有相似性。③ 可操作性，是指该评价体系在商业化的养殖场进行评价时，经过训练的评价员能够容易地进行操作，并且需要的时间有限。大多数的生理指标在农场进行动物福利评价时会不进行考虑，因为它们往往需要比较长的时间。

从简单的指标评定到复杂的指数系统，目前国外已经存在一些动物福利评价体系，例如丹麦的道德评价体系（Ethical Accounts），英国的最低标准评价系统（Systems Based on Minimum Requirements），奥地利的动物需要指数评价（Animal Needs Indexs, ANI）以及欧盟福利质量评价体系（the Welfare Quality Assessment

Protocol）等。每种福利评价体系都包括一系列的评价指标，每个评价指标都应该是建立在科学研究基础上的，能够方便地在农场进行操作，并且可以反映动物福利状态。

近年来农场动物福利越来越受到人们的广泛关注，但是如何评价动物福利仍然面临挑战。究其原因，首先，动物福利缺乏统一的定义，各种机构制订农场动物福利的标准有差异，因此相互之间不能很好地进行比较；其次，动物福利是一个多学科交叉的学科，不同的评价体系选择的指标不尽相同；另外，动物福利评价是一个复杂的过程，在诸多影响因素中，各种因素的作用程度也存在差异，因此需要对不同因素赋予不同的权衡系数，这个权衡系数往往有主观因素。但无论怎样，制订有效的福利评价体系是实施农场动物福利的重要前提。由于经济发展水平不同，消费者对待农场动物福利的态度也有差异，每个国家（或地区）应根据自己国家实际的畜牧业生产水平，定义农场动物福利标准，选择恰当的评价指标，制订合适的畜禽福利评价体系。

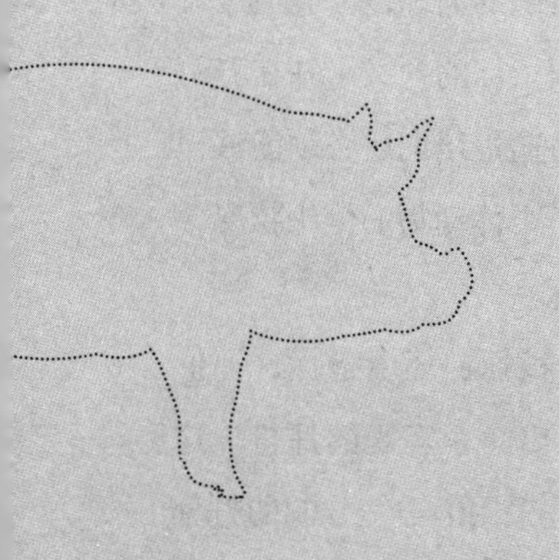

第二章

母猪及仔猪福利评价

本章介绍母、仔猪福利评价各项指标和评价过程中各项指标的评定方法与标准。

为了更客观地了解养殖场的动物福利状况，福利评价过程需要涉及多个学科的多种指标，这里介绍的福利评价方法是通过评定养殖场的母、仔猪在生理、健康和行为方面的表现来评价其福利状况。

在访问养殖场之前，评价员必须经过系统的训练，已经通过对各项指标相关的图片和录像学习并了解各项指标的含义，并在养殖场进行过实习。对于某些健康指标，评价员通过培训后必须能够识别其特定症状。虽然这些病征不能用于诊断个体动物的健康状况，但却是有效的反映动物群体福利状况的指标。

通过应用动物身体状况的指标、管理指标、环境指标，评价员对所评定养殖场母、仔猪的福利状况给出一个客观的评价。这个评价系统中涉及大量的指标，其中大部分采用0～2三分制的打分方法。0代表所评定养殖场的福利状况很好，1代表福利状况有待改善，2代表福利状况很差、令人无法接受。某些指标采用的是两分制评价（0/2，是/非）或是数值评价（单位为cm或m^2等）。

表2.1　母、仔猪的福利标准与评定指标

	福利标准	评价指标
饲喂福利	1. 饲料充足	母猪：体况评分
	2. 饮水充足	母、仔猪：饮水供应状况

（续）

	福利标准	评价指标
畜舍福利	3. 畜舍舒适	母猪：滑囊炎、肩伤 母、仔猪：体表粪便
	4. 温度适宜	母、仔猪：喘息、抱团
	5. 活动自由	母猪：限位栏饲养或群养
健康福利	6. 无损伤	母、仔猪：腿病 母猪：体表伤痕、阴道损伤
	7. 无疾病	母、仔猪：死亡率、呼吸疾病、肠道疾病 母猪：产后繁殖障碍、疝气、皮肤炎症和感染 仔猪：神经紊乱、外八字腿
	8. 无管理引起的疼痛	仔猪：去势、断尾、剪牙
行为福利	9. 社会行为和探索行为适度	母猪：社会行为、探索行为
	10. 无刻板行为	母猪：刻板行为
	11. 人畜关系良好	母猪：对人类的恐惧
	12. 精神状态良好	母、仔猪：行为质量评分

一、饲喂福利

（一）饲料充足

1 评价方法

确认待评定母猪处于站立状态，评价员从母猪正后方和侧面观察骨骼显露情况，脊柱、髋骨、肋骨可见或可触及。

2 评价标准

0–评价员手掌用力下压才能感受到髋骨和脊柱；

1–评价员手掌无需用力即能感受到髋骨和脊柱（*SL*1%）；

2–母猪很瘦，髋骨和脊柱突出可见（*SL*2%）。

群体评价：

得分=$100-SL1-3\times SL2$。

（二）饮水充足

1 评价方法

对于群养的母猪，要检查其饮水器的数量，饮水器的功能是否完好，以及饮水的清洁程度。推荐每个饮水器可供10头猪饮水。当饮水器的功能不正常时，数量不计（为实际饮水器的数量），然后就可计算出推荐的值（为实际饮水器数量 × 10），比较栏舍内猪的头数和推荐值。如果栏舍内猪的头数高于推荐值，则认为饮水器的数量不够。检查一个栏里是否存在两个可以使用的饮水器。

对于限位栏饲养的母猪，主要从饮水器可用程度进行评价，可用程度是指饮水器是否可正常工作，以及安装位置是否合适。以上任何一方面不合格都评定为2分。

2　评价标准

（1）群养母猪：

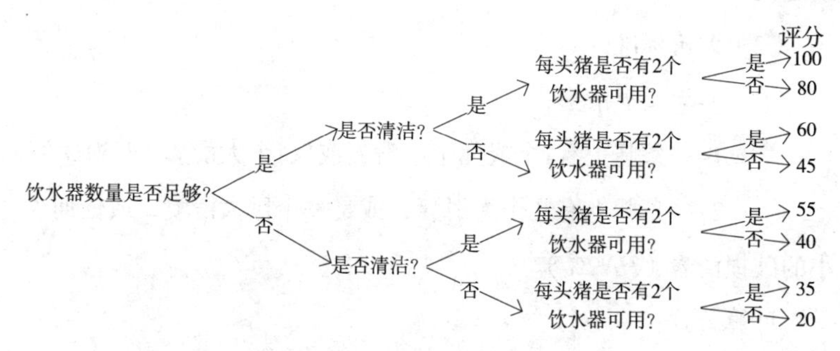

（2）限位栏饲养的母猪：

0–饮水设备充分；

2–饮水设备不足。

得分 = 100（评价为0分）或0（评价为2分）。

计算各栏得分，取平均值。

畜舍福利

（一）畜舍舒适

1　滑囊炎

（1）评价方法：

确认待评定母猪处于站立状态，评价员站立于母猪适宜观察一侧的1 m外，观察动物一侧前后腿的滑囊炎发生状况，滑囊炎是腿部受力点因压力损伤而形成的充满黏液的囊肿，最常见于后腿踝关节处。小滑囊：囊肿与葡萄大小相当，直径1.5～3 cm；大滑囊：囊肿直径3～5 cm；巨大滑囊：囊肿与柑橘大小相当，直径5～7 cm或更大。

（2）评价标准：

0–无明显滑囊；

1–一条腿上有1个或几个小滑囊或仅1个大滑囊（*HN*1%）；

2–一条腿上有几个大滑囊，或是一个巨大滑囊，或任何大小的破损滑囊（*HN*2%）。

计算公式：

$$得分=100-\frac{HN1+2\times HN2}{2}。$$

2　肩伤

（1）评价方法：

选择不同哺乳阶段的母猪，使其处于站立状态，评价员在距离母猪的1 m外站立，观察其双侧肩伤情况。

（2）评价标准：

0–无明显肩伤；

1–可见一个明显已结痂的旧肩伤，或一个新伤但伤口已愈合，或局部红肿但没有组织渗出（*JS*1%）；

2–有破损的伤口（*JS*2%）。

计算公式：

$$得分=100-\frac{JS1+2\times JS2}{2}。$$

图2.1　肩伤

3　体表粪便

（1）评价方法：

使待评定母猪处于站立状态，评价员选择方便观察的一侧，评价一侧体表粪便污染状况。体表粪便状况不同于体表清洁状况，放养母猪体表的泥土不属于福利问题。

（2）评价标准：

母猪个体评分标准

0–体表粪便面积 ≤ 10%；

1–10%<体表粪便面积 ≤30%（*FB*1m%）；

2–体表粪便面积 >30%（*FB*2m%）。

群体仔猪评分标准：

0–一窝仔猪中无任何仔猪有体表粪便；

1–一窝仔猪中体表有粪便的仔猪数不超过50%（*FB*1z%）；

2–一窝仔猪中体表有粪便的仔猪数超过50%（*FB*2z%）。

计算公式：

$$得分=\left(100-\frac{FB1\text{m}+2\times FB2\text{m}}{2}\right)\times 0.7+\left(100-\frac{FB1\text{z}+2\times FB2\text{z}}{2}\right)\times 0.3。$$

（二）温度适宜

1 评价方法

喘息是指动物短促的口腔呼吸。母猪每分钟呼吸频率大于28次，仔猪大于55次为喘息。喘息的观察需要在动物安静时进行最为准确，因此评价员在进入猪舍10 min后开始观察。

评价员进入猪舍10 min后，待动物安静确认仔猪有足够的休息空间后开始观察，计数抱团头数。抱团是指一头猪超过1/2的身体与另一头猪接触（例如压在另一头猪上面），一头侧挨一头不判定为抱团。

2 评价标准

（1）母猪个体评分标准（*WD*m）：

0–不喘息和不抱团；

2– 喘息或抱团。

*WD*m：100（评价为0分）或50（评价为2分），计算各栏得分，取平均值。

（2）群体仔猪评分标准（*WD*z）：

0–不喘息和不抱团；

1–一窝仔猪中不超过20%的休息仔猪喘息或抱团；

2–一窝仔猪中超过20%的休息仔猪喘息或抱团。

*WD*z：100（评价为0分）或80（评价为1分）或50（评价为2分），计算各栏得分，取平均值。

计算公式：

得分 = $WDm \times 0.5 + WDz \times 0.5$。

（三）活动自由

1　评价方法

测量所选用栏的面积，并记录妊娠期母猪的饲养方式。

2　评价标准

母猪妊娠期限位栏饲养小于60 d，按照以上方法对中后期群养母猪进行评价；母猪妊娠期限位栏饲养时间大于60 d但是小于90 d，得分65分；母猪妊娠期限位栏饲养时间大于90 d，得分50分。

健康福利

（一）无损伤

1　跛腿

（1）评价方法：

评价员距离母猪不超过4 m，能清楚地看到行走中的母猪四肢。待母猪已经行走10 s后，观察打分。观察仔猪时，同样要确保评价员能清楚地看到行走中的仔猪四肢。跛行是指动物一条或多条腿不能正常行走，表现为行走时一定程度或完全不能承受体重。

（2）评价标准：

① 母猪个体评分标准：

0–正常步态；

1–猪跛腿，行走困难，但四肢着地（$BT1m\%$）；

2–猪行走时伤腿抬起，或不能行走（$BT2m\%$）。

② 群体仔猪评分标准：

0–一窝所有仔猪均步态正常；

1–一窝仅一头仔猪表现中等程度的跛腿（行走困难，但四肢着地）（$BT1z\%$）；

2–一窝中2头或2头以上仔猪表现中等程度的跛腿，或者至少1头仔猪表现严重跛腿（行走时伤腿抬起，或不能行走）（$BT2z\%$）。

计算公式：

$$得分=\left(100-\frac{BT1m+2\times BT2m}{2}\right)\times 0.7+\left(100-\frac{BT1z+2\times BT2z}{2}\right)\times 0.3。$$

2　体表伤痕

（1）评价方法：

仅评估母猪一侧除尾部外的体表伤痕状况。

区分伤痕的方法如下：长度小于5 cm的4个以内的擦伤（浅表损伤，多为一次性形成的多个擦伤）算作1个伤口；相距不超过0.5 cm的平行擦伤算作1个伤口；流血的擦伤算作1个伤口；1个小创伤（直径不超过2 cm）算作1个伤口；1个流血的2～5 cm长的创伤，或1个超过5 cm的结痂创伤算作5个伤口；1个流血的且超过5 cm的创伤算作16个伤口。

（2）评价标准：

① 母猪个体评分标准：

0–无可见体表伤痕，或不超过5个伤口；

1–有6～15个伤口；

2–超过15个伤口。

② 群体水平：

得分为1的猪所占百分率（*SH*1%）；

得分为2的猪所占百分率（*SH*2%）。

计算公式：

$$得分=100-\frac{SH1+2\times SH2}{2}。$$

3　阴道损伤

（1）评价方法：

评价员从站立母猪后侧观察并确认是新伤（流血或发红的伤口）还是旧伤（结痂的伤口或是已愈合的阴道）。

（2）评价标准：

① 母猪个体评分标准：

0–阴道无损伤；

1–伤口小于2 cm，或伤口正在愈合（已结痂或表皮已愈合）；

2–超过2 cm或正在流血的伤口。

② 群体水平：

得分为1的猪所占百分率（$YD1\%$）；

得分为2的猪所占百分率（$YD2\%$）。

计算公式：

得分$=100-YD1-2\times YD2$。

（二）无疾病

1 死亡率

（1）评价方法：

死亡率是指除自然淘汰以外的因疾病引起的动物死亡（如败血症、呼吸性疾病、急性感染、脱水等）。任何死于栏舍内外的动物均计入死亡率中，但流产仔猪不计入。评价时，根据访谈记录计算。

死亡率=（M/A）×100%

其中：A代表从上一饲养阶段转入该舍的猪数量；M代表12个月中死亡猪总数（主动淘汰除外）。

（2）评价标准：

12个月内不同生产阶段死亡率（$SW\%$）。

计算公式：

得分$=100-SW$。

2 呼吸道疾病

（1）评价方法：

观察母猪/仔猪5 min，记录多次咳嗽、打喷嚏和气喘的母猪/仔猪数。5 min内只咳嗽一次、打一次喷嚏的母猪/仔猪不能认为有呼吸道疾病。气喘是指呼吸沉重、费力，每次呼吸时可见胸部起伏。

（2）评价标准：

① 母猪个体评分标准（*HX*m）：

0- 母猪不咳嗽、打喷嚏和气喘；

2- 母猪咳嗽、打喷嚏或气喘。

*HX*m：100（评价为0分）或50（评价为2分），计算各栏得分，取平均值。

② 群体仔猪评分标准（*HX*z）：

0-一窝中仔猪无咳嗽、打喷嚏和气喘；

1-一窝中仅一头仔猪咳嗽、打喷嚏或气喘；

2-一窝中超过一头仔猪咳嗽、打喷嚏或气喘。

*HX*z：100（评价为0分）或80（评价为1分）或50（评价为2分），计算各栏得分，取平均值。

计算公式：

得分＝$HXm \times 0.4 + HXz \times 0.6$。

3　肠道疾病

（1）评价方法：

本手册评价的肠道疾病仅涉及直肠脱垂、腹泻和便秘。

直肠脱垂表现为直肠等组织脱出肛门外，粪便带血是直肠脱垂的最初症状。

腹泻是指新鲜粪便的黏稠度稀薄，呈现液态。便秘是指母猪出现干而硬（像颗粒状的兔粪）的粪便。

评价时，评价员观察母猪/仔猪肛门是否肿胀或脱垂。同时对群养母猪排粪区、限位栏或产床上母猪粪便和产床上仔猪新鲜粪便进行评分。

（2）评价标准：

0–母猪无直肠脱垂、腹泻和便秘，窝内仔猪无腹泻和直肠脱垂；

2–母猪发生直肠脱垂，腹泻，便秘，窝内一头或多头仔猪直肠脱垂或腹泻。

得分 = 100（评价为0分）或50（评价为2分）。计算各栏得分，取平均值。

4　母猪产后繁殖障碍

（1）评价方法：

本手册评价的母猪产后繁殖障碍仅涉及子宫炎、子宫脱垂、乳房炎。

子宫炎是因子宫感染而使阴道出现乳状白色分泌物。子宫脱垂是指母猪子宫部分或全部从阴道脱垂出体外。评价时，观察母猪阴道周围和下方地板上有无乳状白色分泌物，并观察其子宫有无从阴道脱垂出体外。母猪患乳房炎时，乳房明显红肿，触摸可感到乳房热而硬，同时哺乳仔猪明显瘦弱。

（2）评价标准：

0– 母猪无乳状白色分泌物、子宫脱垂和乳房炎症状；

2– 母猪有乳状白色分泌物，或子宫脱垂，或乳房炎症状。

得分 = 100（评价为0分）或50（评价为2分）。计算各栏得分，取平均值。

5　皮肤炎症和感染

（1）评价方法：

观察母猪一侧体表因某些疾病引起皮肤炎症或颜色异常的

面积。

同时从头部、尾部、两侧全面观察母猪是否有脓肿。

（2）评价标准：

① 母猪个体评分标准：

0- 无皮肤炎症和脓肿；

1- 皮肤炎症面积≤10%，或1处小的脓肿；

2- 皮肤炎症面积>10%，或多于1处小型脓肿，或任何渗出脓水的脓肿，或一个直径≥5cm的脓肿。

② 群体水平：

得分为1的猪的百分率（$YZ1\%$）

得分为2的猪的百分率（$YZ2\%$）。

计算公式：得分=$100-YZ1-2\times YZ2$

6　仔猪神经症状

（1）评价方法：

本手册评价的仔猪神经症状仅涉及神经紊乱和八字腿。

仔猪神经紊乱表现为肌肉颤抖，严重时出现四肢划动；八字腿是指后肢无法站立，并且分开。

（2）评价标准：

① 每窝仔猪评分标准：

0-一窝仔猪均无八字腿和神经紊乱症状；

1-一窝仔猪中仅有一头仔猪有八字腿或神经紊乱症状；

2-一窝仔猪中有一头以上仔猪有八字腿或神经紊乱症状。

② 群体水平：

得分为1的百分率（$SJ1\%$）

得分为2的百分率（$SJ2\%$）。

计算公式：

得分=100－$SJ1$－2×$SJ2$。

（三）无管理引起的疼痛

1　评价方法

通过访谈了解仔猪是否实施去势、断尾、剪牙，实施的比例，实施时仔猪的日龄和实施过程中是否使用麻醉剂和止痛剂。

2　评价标准

0- 未实施去势、断尾、剪牙；

1- 实施时使用麻醉剂；

2- 实施时不使用麻醉剂或止痛剂。

得分= 100（评价为0分）或80（评价为1分）或 50（评价为2分）。

四、行为福利

（一）社会行为和探索行为适度

1　评价方法

评价选在早晨饲喂1 h后进行，评价时首先根据每栏母猪的数量选择评价样本数（表2.3），根据然后通过拍手、驱赶等方式使所有母猪处于站立状态，等待5～10 min后在过道开始观察，每2 min对待评价的猪扫视一遍，在评价表中记录出现不同行为的头数。重复3次。观察到的行为做如下分类：

消极行为（N）：指具有侵略性的行为（如撕咬），判定标准是被干扰猪做出明显的反抗应答（如迅速离开或反击）；

积极行为（P）：指嗅、闻、舔等不具有侵略性的行为，判定标准是承受方乐意接受，无反抗应答；

休息行为（R）：猪躺着睡觉；

探索圈舍（S）：指嗅、闻、舔、啃咬构成圈舍的任何实质性物体；

探索材料（E）：指玩耍/研究秸秆、舍内放置的铁链等材料；

其他行为（O）：进食、饮水或嗅空气等其他的活跃行为。

2　评价标准

社会行为：记录积极行为与消极行为的猪头数。

探索行为：记录探索圈舍与探索材料的猪头数。

计算公式：

社会行为得分=100 ×（1－消极行为在整个社会行为中所占比例）。

探索行为得分=100 ×（探索圈舍行为比例＋探索材料行为比例）。

母猪妊娠期限位栏饲养时间小于60 d，按照以上方法对中后期群养母猪进行评价；母猪妊娠期限位栏饲养时间大于60 d但是小于90 d，得分65分；母猪妊娠期限位栏饲养时间大于90 d，得分50分。

（二）无刻板行为

1　评价方法

刻板行为指猪一连串的无动机、无目的重复行为。例如母猪的空嚼（口腔内无任何物体的咀嚼）、卷舌、磨牙、咬栏/食槽/饮水器、舔地面等。评价在早晨饲喂1 h后进行，选择不同生产阶段母猪各10头（用喷漆标记，以免重复观察），每头母猪观察15 s。如果15 s后仍不能确定，再延长观察时间至1 min。

2　评价标准

0- 无刻板行为；

2- 有刻板行为。

群体水平

得分为2的百分率（$KB2\%$）。

计算公式：

得分=100−$KB2$

（三）人畜关系良好

1　评价方法

群养母猪（评价过的母猪用喷漆标记，以免重复评价）评价过程分如下三个阶段：（1）评价者进入栏内，缓慢、平稳地行走一圈，然后在距离被测母猪大约0.5 m（按照可利用的空间）远的位置站立，保持10 s的静止；（2）如果母猪没有反应，则缓慢、平稳地在母猪前方蹲下，注视母猪10 s；（3）如果母猪没有反应，伸出手，触碰母猪两耳之间的头顶部并保持10 s。

限位栏饲养的母猪，首先使其站立，如果有足够的母猪，则舍弃不愿站立的母猪，如果无其他候选，对不愿站立的母猪也要进行评价。评价过程分如下三个阶段：①确定候选母猪后，评价员走至母猪前方约0.5 m处，保持一个放松的姿势，双手自然下垂，静立10 s；②如果母猪没有反应，在母猪面前蹲下，注视母猪10 s；③如果母猪没有反应，伸出手，触碰母猪两耳之间的头顶部并保持10 s。（注意：手的位置要确保当母猪突然移动时能快速安全地缩回）。

无论群养还是限位栏饲养母猪，任何阶段由于明显与恐惧无关的干扰或影响（如其他母猪对评价的干扰）而使母猪远离评价员，则从被干扰的那个阶段重新开始，而不重复之前已经完成的阶段。一头母猪尽管没有出表现明显的恐惧感，但在任何阶段连续逃离三次，则此阶段依然按“后退”记分。

2　评价标准

（1）母猪个体评分标准：

0–能完成3个阶段的评价，或阶段3中母猪先退缩但随即又接近；

1–母猪能顺利完成阶段1和2的评价，无退缩反应或先退缩后又接近，但不能进行阶段3的评价；

2–在进行阶段1或2的评价时，母猪退缩。

（2）群体水平：

得分为1的百分率（$RX1\%$）

得分为2的百分率（$RX2\%$）。

计算公式：得分=$100-RX1-2\times RX2$。

（四）精神状态良好

1　评价方法

精神状态是综合评价猪只之间及猪与环境之间相互作用对猪个体行为影响的指标，也称为动物行为质量评价。

评价开始前，评价员询问养殖场的管理者以了解养殖场布局，并快速巡视一遍养殖场，根据养殖场大小和类型于不同位置选取6个评价观察点，并确定访问选定观察点的顺序，以确保每个观察点的动物未被打扰，观察其原始行为状态。对所有观察点的评价时间不能超过20 min，因此各观察点所花费的时间随该农场所选择的观察点数目而定（表2.2）。

表2.2　精神状态评价所需观察点的数量和时间

选定观察点的总数量（个）	1	2	3	4	5	6	7	8
每个观察点持续时间（min）	10	10	6.5	5	4	3.5	3	2.5

巡视完所有观察点后，于安静处凭记忆对8种动物精神状态进行评分。评分不可在巡视期间进行，而是在巡视完成后根据总体印象对整个农场统一评价。

每种精神状态根据总体印象在表中从左至右的“最小”和“最大”间适宜位置标记。“最小”代表这一精神状态完全不存在。“最大”代表这一精神状态在所有被观察动物中占优势。注意有可能给不止一个的精神状态最高评分。

用于评价的各种精神状态是：

·活跃的（A）·安静的（Q）·无精打采的（B）·无聊的（W）

·恐惧的（H）·社交的（S）·玩耍的（P）　·争斗的（F）

2　评价标准

对上述精神状态从最小到最大的进行10分制评价（见附件记录表）。

计算公式：

得分＝（A＋Q－B－W－H＋S＋P－F＋40）×1.25

母猪妊娠期限位栏饲养小于60 d，按照以上方法对中后期群养母猪进行评价；母猪妊娠期限位栏饲养大于60 d但是小于90 d，得分65分；母猪妊娠期大于90 d，得分50分。

 五、各项评价指标所需要的母、仔猪头数和时间

（一）舍、圈/栏的选择

进入养殖场的第一步是对饲养员进行访问，了解养殖场畜舍的布局，最好索取一份养殖场畜舍分布的平面图。总的选择原则是使评价点覆盖养殖场内不同养殖阶段和模式的动物。

有些农场不采取分阶段饲养，妊娠不同阶段的母猪饲养于同一栋猪舍内（甚至饲养于同一圈/栏内），一栋猪舍内分布着同样大小的圈/栏多个，此时应在猪舍的两端和中间区域进行圈/栏的选择。

而对于采取分阶段饲养的农场，则要确保所有不同阶段猪舍里的动物均被评价。

（二）群养母猪评价样本的选择

对于处于相同怀孕阶段的小群母猪（≤6头/栏），在可行的条件下评价所有母猪。

对于处于相同怀孕阶段的较大群母猪（≥6头/栏），选择群内一定数量的母猪评价。例如对于25头母猪/栏的群体，每个妊娠阶段选择两个栏，每个栏内各选择五头母猪作为评价样本。

对于处于相同怀孕期的大群母猪（≥100头母猪/圈），随机选择评价样本。评价员进入圈内选择视线内的第一头母猪作为“起始评价母猪”，对这头母猪完成全部指标的评价后，选择正对其头部方向的第四头母猪，进行福利指标评价，以此类推，直到母猪数量达到必须的评价要求。

有些农场，所有妊娠母猪群养于一个圈内。对于这样的农场，同样采用上述的随机取样策略随机选择并评价母猪。

评价员在大群母猪中随机选择评价样本时，不可人为地剔除健康状况较差的母猪，应完全遵守随机取样的原则，但可使用附件中的表格对有严重健康问题的猪进行记录。

（三）各项评价需要的时间

完成各项评价大约需要的时间见表2.3。

表2.3　各项评价指标所需要的母、仔猪头数和时间

评价的动物数 评价指标	空怀舍	妊娠舍			泌乳母猪	仔猪窝数	评价时间
		早期	中期	晚期			
管理措施评价	—	—	—	—	—	—	30 min
饲养福利							90 min
体况得分	—	—	15	15	10	—	
圈舍福利							
身体创伤	—	10	10	10	10	—	
滑囊炎	—	10	10	10	10	—	
体表粪便	—	10	10	10	10	10	
抱团	—	10	10	10	10	10	
气喘	—	10	10	10	10	10	
健康福利							
咳嗽	—	10	10	10	10	10	
喷嚏	—	10	10	10	10	10	
呼吸困难	—	10	10	10	10	10	
直肠脱垂	—	10	10	10	10	10	
腹泻	—	10	10	10	10	10	
便秘	—	10	10	10	10	—	
乳腺炎	—	—	—	—	10	—	
子宫炎	15	15	—	—	10	—	
外阴损伤	—	—	15	15	10	—	
子宫脱垂	—	—	—	—	10	—	
跛行	—	10	10	10	—	10	
皮肤	—	10	10	10	10	—	
破裂和疝	—	10	10	10	10	—	

（续）

<table>
<tr><th rowspan="2">评价指标 \ 评价的动物数</th><th rowspan="2">空怀舍</th><th colspan="3">妊娠舍</th><th rowspan="2">泌乳母猪</th><th rowspan="2">仔猪窝数</th><th rowspan="2">评价时间</th></tr>
<tr><th>早期</th><th>中期</th><th>晚期</th></tr>
<tr><td>局部感染</td><td>—</td><td>10</td><td>10</td><td>10</td><td>10</td><td>—</td><td rowspan="4">90 min</td></tr>
<tr><td>神经紊乱</td><td>—</td><td>—</td><td>—</td><td>—</td><td>—</td><td>10</td></tr>
<tr><td>八字腿</td><td>—</td><td>—</td><td>—</td><td>—</td><td>—</td><td>10</td></tr>
<tr><td>肩部溃疡</td><td>—</td><td>10</td><td>10</td><td>10</td><td>10</td><td>—</td></tr>
<tr><td colspan="7">行为福利</td><td rowspan="5">60 min</td></tr>
<tr><td>刻板行为</td><td>—</td><td>10</td><td>10</td><td>10</td><td>—</td><td>—</td></tr>
<tr><td>人畜关系</td><td>—</td><td>10</td><td>—</td><td>10</td><td>—</td><td>—</td></tr>
<tr><td>社会和探索行为</td><td colspan="6">小猪群（≤15头母猪）：评价4个圈；大猪群（≥40头母猪）：评价1个圈；中猪群：评价2个圈。大猪群不可能观察到所有母猪，评价员只能估计被观察动物的数量</td></tr>
<tr><td>精神状态</td><td colspan="6">根据养殖场大小于不同位置选取6个观察点</td></tr>
<tr><td>总时间</td><td colspan="6"></td><td>180 min</td></tr>
</table>

表2.4　母、仔猪福利评价计算表（例）

福利类型	评价内容	评价得分	权重（%）	计算得分	福利状况得分
饲喂福利	体况	90	50	90×50%=45	85
	供水	80	50	80×50%=40	
畜舍福利	滑囊炎	80	10	80×10%=8	80
	肩伤	80	10	80×10%=8	
	体表粪便	80	10	80×10%=8	
	温度适宜	80	30	80×30%=24	
	活动自由	80	40	80×40%=32	

（续）

福利类型	评价内容	评价得分	权重（%）	计算得分	福利状况得分
健康福利	跛腿	80	10	80×10%=8	80.5
	体表伤痕	80	10	80×10%=8	
	阴道损伤	80	5	80×5%=4	
	死亡率	90	10	90×10%=9	
	呼吸道疾病	80	10	80×10%=8	
	肠道疾病	100	10	100×10%=10	
	产后繁殖障碍	100	10	100×10%=10	
	皮肤炎症和感染	80	10	80×10%=8	
	仔猪神经症状	80	10	80×10%=8	
	去势与断尾	50	15	50×15%=7.5	
行为福利	社会行为	80	10	80×10%=8	77
	探索行为	80	10	80×10%=8	
	刻板行为	50	20	50×20%=10	
	人畜关系	90	30	90×30%=27	
	精神状态	80	30	80×30%=24	
				总分	322.5

 六、母、仔猪福利评价的简要过程

按照母猪及仔猪福利评价方法，我们对一些猪场进行了评价。根据实地评价的经验，我们总结了以下母、仔猪福利评价的简要过程。按照这个过程所列的顺序进行实施，可以使评价过程更为有序、效率更高。

（一）访谈

进入养殖场后，评价员首先是与场长、技术员进行访谈，了解养殖场畜舍的布局，最好索取一份养殖场畜舍分布的平面图，选择好观察点。剔除一周内打过疫苗的猪栏，后备母猪不进行评价。

（二）精神状态评价

采食1h后进行，全场一般选择6个观察点（选择原则见“舍、圈/栏选择”），每个观察点观察时间为3.5 min，总时间大约为20 min。全部6个点观察完后，评价员根据印象总体打分。

精神状态评价仅对群养母猪进行，限位栏的母猪不需要进行该项评价，直接得出分数。

（三）人畜关系、刻板行为、咳嗽和喷嚏评价

1　人畜关系

评价员先在母猪前方0.5 m处站立10 s，如10 s内母猪离开记2分，如母猪不离开，评价员则缓慢而平稳地走至母猪前面蹲下并注视猪10 s，如猪10 s内离开（限位栏猪表现出躲避意愿/行为）记为2分，如离开后又返回记为1分；如猪10 s内不离开，伸手触摸猪两耳间头顶，如猪10 s内离开记为1分，如10 s内猪不离开记为0分。共评价20头猪，10头为早期妊娠，10头为晚期妊娠，评价完后对猪进行标记，以后所有评定都选择标记过的猪。

2 刻板行为

观察15 s/头，如果对于行为判定不确定时可延长至1 min/头，共评价30头妊娠母猪。

3 咳嗽和喷嚏

对群养的猪要做社会行为评价，评价员击掌使猪站立，等待5 min后（等待期间记录咳嗽和喷嚏次数），观察行为，重复5次，两次评价间隔2.5 min，取一个观察点即可，观察5个栏，共评价40～60头猪。

如果是限位栏饲养的母猪，仅需记录咳嗽和喷嚏次数。

（四）身体状况评价

对已经标记的母猪进行评价，妊娠早、中、晚期各10头，哺乳期10头，共40头。使猪处于站立状态，从正后方观察猪的肥瘦情况，有无直肠脱垂、腹泻、便秘、外阴损伤、子宫炎、乳房炎、神经症状、疝气、滑囊炎、咬尾，侧面看体表粪便面积、伤痕、炎症（红肿）、呼吸频率，正面观察有无扭鼻（萎缩性鼻炎）。

对仔猪评价抱团、体表粪便、步态（跛行）、八字腿、神经症状、呼吸、喘息、腹泻等。

使母猪行走（采用限位栏饲养的母猪需要赶出限位栏），观察猪的跛行情况（行走的前10 s不进行评价）。

最后，检查饮水器状况，测量栏的面积。然后到下一个栏进行评价，共重复40头母猪。

第三章

生长猪福利评价

本章介绍生长猪福利评价的各项指标和评价过程中各项指标的评定方法与标准。

评价员通过应用动物、环境以及管理的指标，对所评定的养殖场生长猪的福利状况进行客观的评价。这个评价系统中涉及大量的指标，其中大部分采用0～2三分制的打分方法。0代表所评定养殖场的福利状况很好，1代表福利状况有待改善，2代表福利状况很差、令人无法接受。某些指标采用的是两分制评价（0/2，是/非）或是数值评价（例如 cm或m^2等）。

表3.1　生长猪的福利标准与评价指标

内容	福利标准	评价指标
饲喂福利	1. 饲料充足	体况评分
	2. 饮水充足	饮水供应状况
畜舍福利	3. 畜舍舒适	滑囊炎、体表粪便
	4. 温度适宜	喘息、寒战与抱团
	5. 活动自由	饲养密度
健康福利	6. 无损伤	跛腿、体表伤痕、咬尾
	7. 无疾病	死亡率、呼吸疾病、肠道疾病、皮肤状况、疝气
	8. 无管理引起的疼痛	去势与断尾
行为福利	9. 社会行为和探索行为适度	社会行为、探索行为
	10. 人畜关系良好	对人类的恐惧
	11. 精神状态良好	行为质量评分

 饲喂福利

（一）饲料充足

1　评价方法

评价员站立于栏外，观察猪的体况，样本量大小根据栏中猪的数量确定。若每栏数量大于15头，每栏随机选择15头，共选择10个不同的栏，总样本数为150头；若每栏数量低于15头，则应对全栏的猪进行评价，并增加评价栏数，使样本总数达到150头。

确认所有猪处于站立状态，通过肉眼观察猪的骨骼显露情况，脊柱、髋骨和肋骨可见的猪评价为消瘦猪。

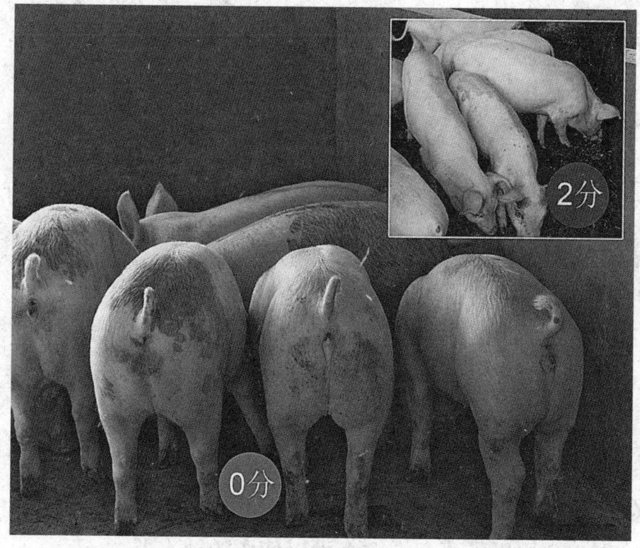

图3.1　饲料充足评价

2　评价标准

（1）个体评价：

0－体况良好的猪；

2－体况消瘦的猪。

（2）群体评价：

得分为2分的猪数量占群体的百分率（$SL\%$）。

得分＝$100-SL$。

（二）饮水充足

1　评价方法

动物样本数量的确定同上。评价员进行评价前，先确认管理者提供的栏舍饮水信息，饮水器的类型（管道、水槽）、长度、清洁程度和饮水器是否正常工作。

评价员观察栏舍饮水情况，主要评价饮水器数量、功能、清洁程度。

对每个观察的猪群，都要检查其饮水器的数量，饮水器的功能是否完好，以及饮水的清洁程度。

推荐每个饮水器可供10头猪饮水。

当饮水器的功能不正常时，数量不计（为实际饮水器的数量），然后就可计算出推荐的值（为实际饮水器数量×10），比较栏舍内猪的头数和推荐值。如果栏舍内猪的头数高于推荐值，则认为饮水器的数量不够。

检查一个栏里是否存在两个可以使用的饮水器。

以下为评分方法：

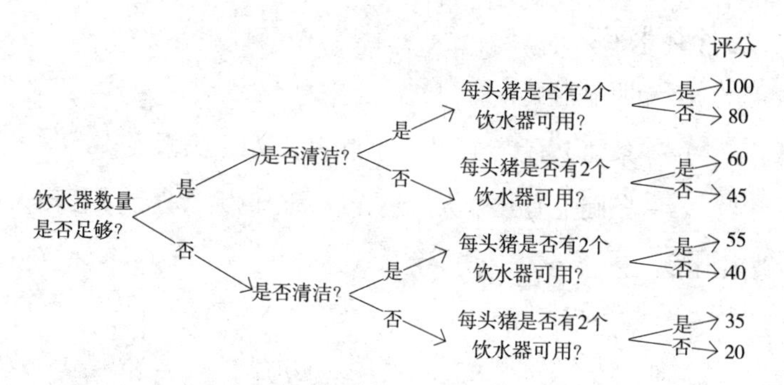

2　评价标准

计算各栏得分，取平均值。

二、畜舍福利

（一）畜舍舒适

1　滑囊炎

（1）评价方法：

动物样本数量的确定同上。评价员站立于栏舍中，与猪群保持不超过1 m的距离，观察动物一侧前后腿的滑囊炎发生状况，滑囊炎是腿部受力点因压力损伤而形成的充满黏液的囊肿，最常见于后腿踝关节处。小滑囊：囊肿与葡萄大小相当，直径1.5～3 cm；大滑囊：直径3～5 cm；巨大滑囊：囊肿与柑橘大小相当，直径5～7 cm或更大。

（2）评价标准：

①个体水平：

0–无明显滑囊；

1–一条腿上有1个或几个小滑囊或仅1个大滑囊；

2–一条腿上有几个大滑囊，或一个巨大滑囊，或任何大小的破损滑囊。

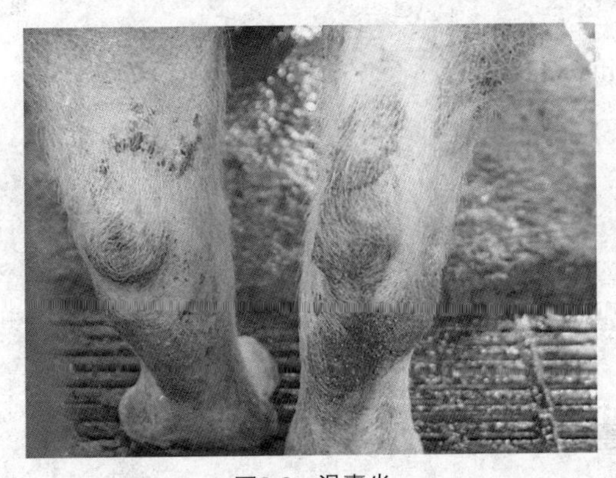

图3.2　滑囊炎

②群体水平：

得分为1的猪所占百分率（*HN*1%）；

得分为2的猪所占百分率（*HN*2%）。

计算公式：

得分＝100 − $HN1 - 2 \times HN2$。

2　体表粪便

（1）评价方法：

动物样本数量的确定同上。评价员选择方便观察的一侧，评价猪一侧体表粪便状况。体表粪便状况不同于体表清洁状况，室外散养猪的体表泥土不属于福利问题。

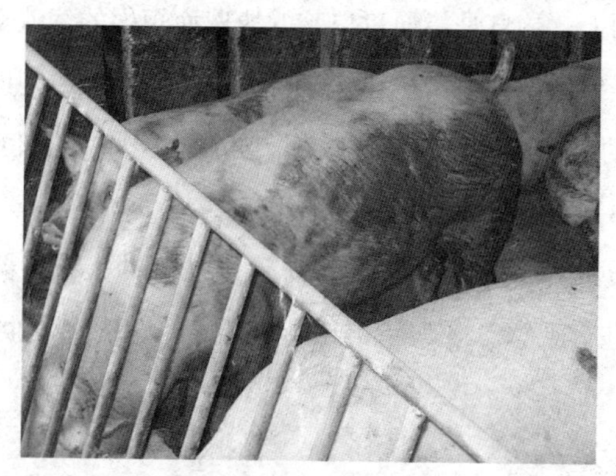

图3.3　体表粪便污染

（2）评价标准：

① 个体水平：根据体表粪便的百分率确定得分。

0 – 小于20%的体表粪便覆盖率；

1 – 大于20%，小于50%的体表粪便覆盖率；

2 – 大于50%的体表粪便覆盖率。

② 群体水平：

得分为1的猪所占百分率（$FB1\%$）；

得分为2的猪所占百分率（$FB2\%$）。

计算公式：得分=（$100-\frac{FB1+2\times FB2}{2}$）。

（二）温度适宜

1 评价方法

本手册对温度适宜的评价包括喘息、寒战及抱团。动物样本数量的确定同上。喘息是指通过口腔的快速而短促的气流交换，寒战是指机体任何部位或整个机体缓慢且无规律的震颤，抱团是指一头猪超过1/2的身体与另一头猪接触（例如压在另一头猪上面），一头侧挨一头不判定为抱团。

评价员进入待评价畜舍后，需等待几分钟，在猪群恢复平静后从栏外进行观察。观察猪群中存在喘息、寒战或抱团现象的猪数量。

图3.4　猪抱团现象

2 评价标准

0－栏内没有猪有喘息、寒战和抱团现象；

1－栏内最多20%的猪有喘息、寒战或抱团现象；

2－栏内超过20%的猪有喘息、寒战或抱团现象。

得分＝100（评价为0分）或60（评价为1分）或40（评价为2分）。

计算各栏得分，取平均值。

（三）活动自由

1　评价方法

动物样本数量的确定同上。评价时，评价员站立于栏外，观察栏舍内猪的数量，测量待评价栏的长度和宽度，计算面积及饲养密度，饲养密度＝猪栏面积/栏内猪总数。育肥猪饲养密度参考值为0.8～1.2 m^2/头（GB/T 17824.1—2008 规模猪场建设）。

2　评价标准

0－饲养密度大于0.8 m^2/头；

2－饲养密度小于0.8 m^2/头。

群体评价：

得分＝100（评价为0分）或50（评价为2分）。

 健康福利

（一）无损伤

1　跛腿

（1）评价方法：

跛行是指动物一条或多条腿不能正常行走，表现为行走时一定

程度或完全不能承受体重。动物样本数量的确定同上。确保猪已经行走10 s后，观察打分。评价员距离猪不超过4 m，能清楚地看到行走中的猪四肢。

（2）评价标准：

① 个体水平：

0–正常步态；

1–猪跛腿，行走困难，但四肢着地；

2–猪行走时伤腿抬起，或不能行走。

② 群体水平：

得分为1的猪所占百分率（$BT1\%$）；

得分为2的猪所占百分率（$BT2\%$）。

计算公式：得分=100－ $BT1-2\times BT2$。

2　体表伤痕

（1）评价方法：

动物样本数量的确定同上。仅评价猪一侧除尾部外的体表伤痕状况。

区分伤痕的方法如下：长度小于5 cm的4个以内的擦伤（浅表损伤，多为一次性形成的多个擦伤）算作1个伤口，相距不超过0.5 cm的平行擦伤算作1个伤口，流血的擦伤算作1个伤口，1个小创伤（直径不超过2 cm）算作1个伤口，1个流血的2～5 cm长的创伤，或1个超过5 cm的结痂创伤算作5个伤口，1个流血的且超过5 cm的创伤算作16个伤口。

（2）评价标准：

① 个体水平：

0–无可见体表伤痕，或不超过5个伤口；

1–有6～15个伤口；

2–超过15个伤口。

② 群体水平：

得分为1的猪所占百分率（$SH1\%$）；

得分为2的猪所占百分率（$SH2\%$）。

计算公式：得分=100– $\frac{SH1+2\times SH2}{2}$ 。

3 咬尾

（1）评价方法：

动物样本数量的确定同上。所有待评价的猪必须处于站立状态，评价员能够清楚地观察到猪的尾部。咬尾是与尾部伤害相关的一项指标，表现为尾巴不同程度的表面咬伤直至尾部被咬掉。

（2）评价标准：

① 个体水平：

a–没有咬尾；

b–存在不同程度尾处的表面咬伤，但没出现鲜血和肿胀；

c–尾处可见鲜血，出现一些肿胀和感染，或者部分尾组织丢失，并出现硬痂。

② 群体水平：

1–评分b的百分率（$YW1\%$）；

2–评分c的百分率（$YW2\%$）。

计算公式：得分=100– $\frac{YW1+2\times YW2}{2}$ 。

（二）无疾病

1 死亡率

（1）评价方法：

死亡率是指除自然淘汰以外的因疾病引起的动物死亡（如败血症、呼吸道疾病、急性感染、脱水等）。任何死于栏舍内外的动物均计入死亡率中。评价时，根据访谈记录计算。

死亡率=（M/A）×100%

其中：A代表从上一饲养阶段转入该舍的猪数量；M代表12个月中死亡猪总数（主动淘汰除外）。

（2）评价标准：

过去12个月内生长猪的死亡率（*SW*%）。

计算公式：得分=100−*SW*。

2 呼吸道疾病

（1）评价方法：

动物样本数量的确定同上。动物站立之后，在实施社会行为和探索行为评价之前的5 min等待期里，可开始评价呼吸道疾病。对6个观察点进行评价，并且每个观察点至少观察2个栏舍（每个观察点选择20～40头猪）。观察猪5 min，记录多次咳嗽、打喷嚏和气喘的猪头数。5 min内只咳嗽一次、打一次喷嚏的猪不能认为其有呼吸疾病。气喘是指呼吸沉重、费力，每次呼吸时可见胸部起伏。

（2）评价标准：

①气喘：

0–没有气喘的百分率（*QC*%）；

2-出现气喘的百分率。

② 打喷嚏和咳嗽：

- 根据每5 min每头猪的平均打喷嚏的次数计算分数（PT）（低于27次得30分，27~55次的得18分，大于55次得12分）；
- 根据每5 min每头猪的平均咳嗽的次数计算分数（KS）（低于15次得30分，15~46次得18分，大于46次得12分）。

计算公式：

得分= $0.4 \times QC + PT + KS$。

3　肠道疾病

（1）评价方法：

本手册评价的肠道疾病仅涉及直肠脱垂和腹泻。动物样本数量的确定同上。直肠脱垂表现为直肠等组织脱出肛门外，粪便带血是直肠脱垂的最初症状；腹泻是指新鲜粪便的黏稠度稀薄，呈现液态。评价时，评价者观察猪肛门是否肿胀或脱垂，同时对群养猪排粪区的新鲜粪便进行评分。

（2）评价标准：

① 直肠脱落：

0-没有发生直肠脱落的动物的百分率（$ZC\%$）；

2-发生直肠脱落的动物的百分率。

② 腹泻：

0-无可见液态粪便；

1-可见一些液态粪便（$FX1\%$）；

2-所见粪便均为液态（$FX2\%$）。

腹泻率= $\frac{FX1 + 2 \times FX2}{2}$。

图3.5　直肠脱落

计算公式：

得分= $0.4 \times ZC + 0.6 \times \left(100 - \frac{FX1 + 2 \times FX2}{2}\right)$。

4　皮肤状况

（1）评价方法：

动物样本数量的确定同上。对身体各侧进行观察，评价猪一侧体表因某些疾病引起皮肤炎症或颜色异常的面积。

（2）评价标准：

① 个体水平：

0-没有皮肤炎症或颜色异常；

1-小于10%的皮肤炎症或颜色异常，或出现大的斑点；

2-超过10%的皮肤出现炎症或颜色异常。

② 群体水平：

得分为1的猪的百分率（$YZ1\%$）

得分为2的猪的百分率（$YZ2\%$）。

计算公式：

得分=100－$YZ1$－2×$YZ2$。

5　疝气

（1）评价方法：

动物样本数量的确定同上。从猪头部、尾部、两侧全面观察。疝气是指腹腔内器官突出于腹腔形成的脐部或腹股沟部皮下肿块。

（2）评价标准：

① 个体水平：

0–无疝气；

1–有疝气；

2–站立时接触地面或影响活动的疝气以及流血的疝气。

② 群体水平：

得分为1的猪的百分率（$SQ1\%$）；

得分为2的猪的百分率（$SQ2\%$）。

计算公式：

得分=$100-20\times\frac{SQ1+2\times SQ2}{2}$（如果得分为负值，则得分为零分）。

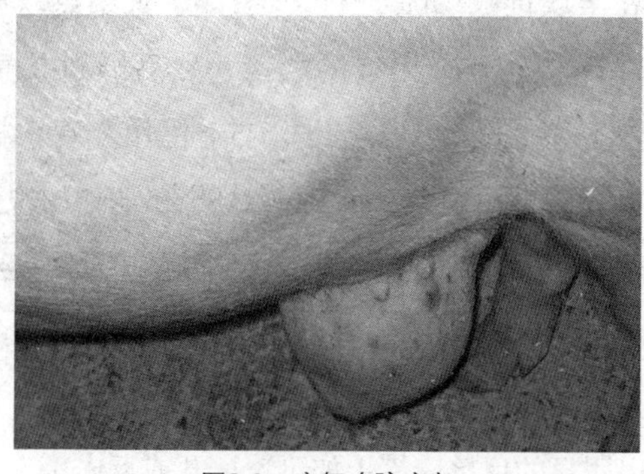

图3.6　疝气（脐疝）

（三）去势与断尾

1　评价方法：

以猪栏为单位，通过访谈了解猪场去势和断尾的管理措施，猪去势、断尾的比例，以及操作时是否使用麻醉剂。

2　评价标准：

0–未去势，未断尾；

1–使用麻醉剂的去势，断尾；

2–未使用麻醉剂的去势，断尾。

得分= 100（评价为0分）或80（评价为1分）或 50（评价为2分）。

四、行为福利

（一）社会行为和探索行为适度

1　评价方法：

评价选在早晨饲喂1 h后进行，选择3个观察点，每个观察点50 ~ 60头猪。首先记录每栏猪的数量，然后通过拍手、驱赶等方式令所有猪站立，每个观察点选定5个栏作为观察样本，等待5 ~ 10 min后在过道开始观察，每2 min对5个栏的猪扫视一遍，在评价表中记录出现不同行为的猪头数。重复3次。对观察到的行为做如下分类：

消极行为（N）：指具有侵略性的行为（如撕咬），判定标准是被干扰猪做出明显的反抗应答（如迅速离开或反击）；

积极行为（P）：指嗅、闻、舔等不具有侵略性的行为，判定标准是承受方乐意接受无反抗应答；

休息行为（R）：猪躺着睡觉；

探索栏舍（S）：指嗅、闻、舔、啃咬构成圈舍的任何实质性物体；

探索材料（E）：指玩耍/研究秸秆、舍内放置的铁链等材料；

其他行为（O）：进食、饮水或嗅空气等其他的活跃行为。

2 评价标准：

某行为频次=某行为总数/（扫视次数×每次扫视猪头数）。

计算公式：社会行为得分=100 ×（1–消极行为在整个社会行为中所占比例）；

探索行为得分=100 ×（探索圈舍行为比例＋探索材料行为比例）。

（二）人畜关系良好

1 评价方法：

动物数量的确定同上（对“饲料充足”指标的评价）。此项指标用于反映猪对人的恐惧程度，面对评价员时，猪逃开或扭头回避，或者躲避于栏舍一角，说明猪对人恐惧。评价员进入栏舍，在群内缓慢绕行一周回到起始位置，静立30 s后，反向缓慢绕行一周回到起始位置，观察猪的反应。绕行过程中，评价员不能说话，并且不能与猪有身体接触，当猪处在评价员前方太近的地方时评价员可以有一些轻触的动作。

0–栏内小于或等于60%的动物表现恐惧；

2–栏内超过60%的动物表现恐惧。

2　评价标准：

计算公式：得分 = 100 × 评价为0分的栏占所评价栏总数的百分率。

（三）精神状态良好

1　评价方法：

精神状态是综合评价猪只之间及猪与环境之间相互作用对猪个体行为的影响的重要指标。

评价开始前，评价员询问养殖场的管理者了解养殖场的布局，并快速巡视一遍养殖场，根据养殖场大小和类型于不同位置选取6个评价观察点，并确定选定观察点的顺序，确保每个观察点的动物未被打扰，以观察其原始行为状态。也有可能动物已被打扰（例如刚饲喂不久），那么其行为恢复的过程也可包含在评价中。对所有观察点的评价时间约20 min，因此评价员在各观察点所花费的时间随着在该农场选择的观察点数目而定（表3.2）。

表3.2　精神状态评价所需观察点的数量和时间

选定观察点的总数量（个）	1	2	3	4	5	6	7	8
每个观察点持续时间（min）	10	10	6.5	5	4	3.5	3	2.5

评价员在巡视完所有观察点后，在安静处凭记忆对8种动物精神状态进行评分。评分不可在巡视期间进行，而是在巡视完成后根

据总体印象对整个农场统一评价。

每种精神状态根据总体印象在表中从左至右的“最小”和“最大”间适宜位置标记。“最小”代表这一精神状态完全不存在，“最大”代表这一精神状态在所有被观察动物中占优势。注意有可能给不止一个精神状态最高评分。

用于评价的各种精神状态是：

·活跃的（A）·安静的（Q）·无精打采的（B）·无聊的（W）

·恐惧的（H）·社交的（S）·玩耍的（P）　·争斗的（F）

2　评价标准：

对上述精神状态从最小到最大的进行10分制评价。

计算公式：得分 =（A+Q−B−W−H+S+P−F+40）× 1.25。

表3.3　生长猪福利评价计算表（例）

福利类型	评价内容	评价得分	权重（%）	计算得分	福利状况得分
饲喂福利	体况	90	50	90 × 50%=45	85
	供水	80	50	80 × 50%=40	
畜舍福利	滑囊炎	90	20	90 × 20%=18	89
	体表粪便	80	10	80 × 10%=8	
	温度适宜	80	35	80 × 35%=28	
	饲养密度	100	35	100 × 35%=35	
健康福利	跛腿	90	10	90 × 10%=9	83
	体表伤痕	90	10	90 × 10%=9	
	咬尾	90	10	90 × 10%=9	
	死亡率	90	10	90 × 10%=9	

（续）

福利类型	评价内容	评价得分	权重（%）	计算得分	福利状况得分
健康福利	呼吸疾病	90	10	90×10%=9	83
	肠道疾病	90	10	90×10%=9	
	皮肤状况	90	10	90×10%=9	
	疝气	100	10	100×10%=10	
	去势与断尾	50	20	50×20%=10	
行为福利	社会行为	85	25	85×25%=21.25	83.5
	探索行为	65	25	65×25%=16.25	
	对人类的恐惧	100	30	100×30%=30	
	行为质量评分	80	20	80×20%=16	
				总分	340.5

五、生长猪福利评价简要过程

根据猪场实地评价的经验，我们总结了以下生长猪福利评价的简要过程以及评价顺序，使评价更容易操作，效率更高。

（一）访谈

进入养殖场后，评价员首先是与场长、技术员进行访谈，了解养殖场畜舍的布局，最好索取一份养殖场畜舍分布的平面图。剔除一周内混群、打过疫苗的栏舍，进行舍、圈/栏的选择。

（二）精神状态评价

评价在猪采食1 h后进行，一般选择6个观察点进行观察，每个观察点大约需要3.5 min，总计20 min，全部巡视完后进行打分。

（三）社会及探索行为、咳嗽和打喷嚏评价

评价员击掌使猪处于站立状态，等待5 min后（等待期间记录咳嗽和喷嚏次数），观察猪的行为，重复5次，两次间隔2.5 min。

社会及探索行为观察3个点，进行咳嗽和打喷嚏评价时另加3个观察点，共6个观察点，每个观察点40～60头猪。

（四）猪抱团、人畜关系、身体状况及其他指标评价

评价员轻轻地走近栏舍，隔栏观察栏内猪的抱团（头数/休息的猪）、喘息（头数/总头数）、颤抖（头数），先记数，再打分。

然后进入猪栏，先绕猪栏走一圈，观察地上的粪便，检查有无腹泻，等待30 s后，再反向走一圈回到原点，评价人畜关系。

身体状况：使猪处于站立状态，从正后方观察猪的肥瘦情况，有无直肠脱垂，有无疝气，滑囊炎，咬尾，侧面看体表粪便面积，体表伤痕，体表炎症（红肿），呼吸困难，正面看鼻子有无扭鼻（萎缩性鼻炎）

最后，使猪行走（猪行走的前10 s不进行评价），观察猪的跛行情况。

临出栏前，观察饮水器状况，测量栏的面积，然后到下一个栏，共重复10个栏，总计150头猪。

第四章

猪屠宰前福利评价

一、运输福利评价

（一）运输前需准备的相关文件

承运人在运输过程中应携带相关的文件记录，主要包括：

1 检疫证明；

2 用药记录；

3 运输前休息时间，获得饲料和饮水供给的情况；

4 装载日期、时间和地点；

5 行程日志：运输过程的常规检查和重要事件记录，包括发病率、死亡率及采取的措施，气候条件，休息记录，运输时间，饲料和饮水的供给及其消耗估测，用药情况以及运输途中车辆的故障维修情况等；

6 运输途中出现的意外情况及管理措施。

（二）车辆福利评价

1　车厢顶棚

（1）评价方法：

以运输车辆为评价单元，观察车上是否安装顶棚。

（2）评价标准：

0–运输车辆有顶棚；

2–运输车辆无顶棚。

2　车厢地面

（1）评价方法：

以运输车辆为评价单元，观察车厢内的地板是否防滑。

（2）评价标准：

0- 运输车辆的地板防滑；

2- 运输车辆的地板不防滑。

3　卸载板或卸载斜坡台地面

（1）评价方法：

本手册对卸载板或卸载斜坡台地面的福利评价仅包括猪的脚下打滑和跌倒。

以运输车辆为评价单元，对车辆中卸载的所有猪进行评价。该指标观察区域包括：卸载斜坡台或卸载板（如果是利用升降台卸猪，则评价平台落地后门打开时的情况）。

脚下打滑是指失去平衡，但身体没有与地面接触；跌倒是指失去平衡且身体的某部分（包括腿）与地面接触。以脚下打滑猪头数和跌倒猪头数占运输车辆中猪总数的比例来表示。由于猪只之间的推挤而导致的摔倒也视为跌倒。

（2）评价标准：

根据出现脚下打滑和跌倒的猪比例。

4　车厢尖锐突出物

（1）评价方法：

以运输车辆为评价单元，观察车厢内是否有易使猪受伤的尖锐突出物。

（2）评价标准：

0–车厢内无尖锐突出物；

2–车厢内有尖锐突出物或其他结构。

5 车厢通风

（1）评价方法：

以运输车辆为评价单元，观察运输车辆是否通风良好。

（2）评价标准：

0–车辆通风良好；

2–车辆通风差。

6 运输密度

（1）评价方法：

以运输车辆为评价单元，根据车辆的装载密度来评价猪在运输过程中的活动情况。评价员应记录运输车辆中的猪数量、运输车辆的层数、每层的长度、宽度、高度和装载的猪数量。最终的结果用m^2/头来表示。

（2）评价标准：

0–密度大于0.52 m^2 /头；

1–密度在0.39~0.52 m^2/头；

2–密度小于0.39 m^2/头。

7 运输时间

（1）评价方法：

以运输车辆为评价单元，根据运输时间来评价运输过程的疾病情况。评价员应在查看运输行程日志后，向承运人员详细了解猪的运输时间。

（2）评价标准：

0–运输时间少于8 h；

1–运输时间在8 ~16 h；

2–运输时间超过16 h。

宰前福利评价

（一）福利内容和标准

表4.1　宰前猪的福利标准与评价指标

内容	福利标准	评价指标
饲喂福利	1. 饲料供给	食物供给情况
	2. 饮水充足	饮水供给情况
畜舍福利	3. 休息区舒适	地板等设施
	4. 温度适宜	是否出现喘息、颤抖和抱团等行为
	5. 活动自由	待宰圈中猪的密度
健康福利	6. 无损伤	跛行
	7. 无疾病	死亡率
行为福利	8. 情绪稳定	是否有不愿移动或转身返回的行为

（二）饲喂福利

1 饲料供给

（1）评价方法：

观察最长待宰时间条件下，待宰圈中的饲料供给情况。

以待宰圈为评价单元，选取5～8个待宰圈的猪进行评价（根据屠宰场的实际情况决定，如果待宰圈少于5个则全部评价）。圈的挑选是随机的，应考虑两点：第一，挑选的圈在屠宰场中的位置要具有代表性；第二，应尽可能挑选进入待宰圈时间不同的猪。本章其他指标的选择观察点原则相同。在评价每项指标时都应记录每圈猪的总数，以保证抽样有代表性。

（2）评价标准：

0–猪在待宰圈中的时间不超过12 h，且没有饲料供给；或猪在待宰圈中的时间超过12 h，但有饲料供给；

2–猪在待宰圈中的时间超过12 h，且没有饲料供给。

2 饮水充足

（1）评价方法：

评价主要包括两方面，一是检查饮水器是否可用，二是检查饮水器是否清洁。所谓饮水器可用是指饮水器的数量足够，且均可正常出水；所谓清洁是指饮水器无粪便和泥土。此外，还应记录饮水器的类型（即是饮水管、饮水碗还是饮水槽）、长度、宽度和高度等，并检查饮水器是否会弄伤猪。

（2）评价标准：

0–饮水器可用且清洁；

2-饮水器不可用或不清洁。

（三）畜舍福利

1　畜舍舒适

（1）评价方法：

观察待宰圈的地板上是否会弄伤猪（是否存在破损或其他结构）。

（2）评价标准：

0-地板不会弄伤猪；

1-有一个圈的地板可能会弄伤猪；

2-有一个以上圈的地板可能会弄伤猪。

2　温度适宜

（1）评价方法：

本手册温度适宜的评价包括寒战、喘息以及抱团。

寒战是指猪身体的任何部位或整个身体缓慢且无规律的震颤。喘息是指通过口腔快速而短促的气流交换。抱团是指一头猪超过1/2的身体与另一头猪接触（例如压在另一头猪上面），一头侧挨一头不判定为抱团。

评价员进入待评价猪舍后，需稍等待几分钟，待猪群恢复平静后从栏外观察。观察猪群中存在寒战、喘息或抱团现象的猪的数量。

（2）评价标准：

0-待宰圈中无喘息、寒战以及抱团；

1- 待宰圈中出现喘息、寒战或抱团的比例不超过20%；

2- 待宰圈中出现喘息、寒战或抱团的比例高于20%。

3 活动自由

（1）评价方法：

记录待宰圈的长、宽度和圈中猪的数量，以计算待宰圈饲养密度。

（2）评价标准：m^2/头。

（四）健康福利

1 无损伤（跛行）

（1）评价方法：

观察所有从运输车辆上卸下的猪进入待宰圈过程中出现跛行的情况。猪的走动距离最好在3~10 m，若走动距离不足2 m，则不能进行该指标的评价。

（2）评价标准：

0- 正常步态；

1- 动物跛腿，行走困难，但四肢着地；

2- 动物行走时伤腿抬起，或不能行走。

2 无疾病（死亡）

（1）评价方法：

观察死亡猪的数量，用死亡猪的数量占运输车辆中（或待宰圈中）猪总数的比例来表示。该指标要评价两次：一次是在卸载时对运输车辆中的猪进行评价；另一次是对待宰圈中的猪进行评价。

（2）评价标准：

死亡率。

（五）行为福利（情绪稳定）

1　评价方法

对卸载的猪进行评价，观察出现停在车上不愿走向卸载台的情况或转身返回运输车辆的情况。

2　评价标准

不愿走向卸载台或转身返回运输车辆猪的数量占运输车辆中猪总数的比例。

第五章

我国猪福利养殖问题分析

我国是一个养猪大国，2010年生猪存栏量约为4.54 亿头，占全世界的50.9%。2009年人均消费猪肉达17.03kg，占总肉类消费量的64%。然而，养猪业长期以来对“快速”和“高产”的盲目追求带来一系列严重的环境和社会问题，如养殖环境恶化、环境污染严重、猪病频发，给畜牧业造成了巨大的经济损失。在不规范的或高强度的集约化养殖模式下，猪经常受到各种应激，长期的应激最终使得猪免疫力和抵抗力下降。依赖添加过量的抗生素和注射各种疫苗来维持动物健康，不但严重影响猪自身福利，而且使得猪肉的品质和安全得不到保障，从而威胁人类健康，我国的养猪业可持续发展也受到严重的影响。

目前，欧盟及美国、加拿大、澳大利亚等国都进行了动物福利方面的立法，世界贸易组织的规则中也写入了动物福利的条款。动物福利的实施与否已成为畜禽产品国际贸易的技术壁垒。我国规模化养殖过程中所产生的猪福利问题也到了不得不重视的程度。猪福利评价工作的开展必将推进我国养猪业的可持续发展，进一步提高养猪业生产水平，有利于猪的健康和肉品安全。

我国是发展中国家，动物福利意识和动物福利工作相对落后，不论是在猪舍条件，还是猪的饲养管理中都存在一些福利问题。在公益性行业专项“畜禽福利养殖关键技术体系研究与示范”（201003011）的开展过程中，我们在华南、华东以及华北的一些猪场也进行了实地调查，结合调查结果我们将目前国内猪场养殖过程中的福利问题归纳为以下几个方面。

猪饲养管理过程中的福利问题

（一）仔猪的福利问题

1　仔猪剪牙、断尾和去势

由于母猪并不总是能提供足够的乳汁，特别是当窝产仔数较多时。为了得到足够的乳汁，仔猪会利用尖锐的犬齿争抢好的乳头。在当前的生产实践中，为了保证母猪的正常哺乳，大部分猪场采取在出生后第一天用消毒的铁钳剪去仔猪犬齿，以防止仔猪相互争抢乳头时咬伤乳头或其他仔猪。但是在实际操作过程中被剪牙的仔猪常常会出现一些问题，当人员操作不当或者由于器械的问题，剪牙时太靠根部，易将牙髓暴露，因为牙髓软，血管丰富，很容易受到细菌的侵害，发生牙髓炎和牙龈炎，从而降低仔猪的竞争能力。另外，新剪的牙齿断面往往较锋利，更容易伤到母猪乳房和其他仔猪。而出生时体重较轻的弱小仔猪常常由于剪牙、断尾带来的应激而死亡。目前在国内的养猪生产中，剪牙过程中均没有采用任何麻醉措施。仔猪剪牙后的1～5 d因为疼痛吃奶量会减少，影响生长。对于初生重较小的仔猪，伤害更大，体力恢复很慢，体况差。实际上如果改善母猪的体况，使母猪能够提供足够的乳汁，或者对于窝产仔数较多的仔猪实行部分寄养可以在很大程度上减少仔猪为了抢奶头产生的争斗。

为了防止猪育肥期间的咬尾现象，集约化的养猪场一般在仔猪出生后不久用钳子剪去仔猪尾巴。实际上咬尾的原因很复杂，猪舍环境的相对单一，空间的狭窄或者饲料中某些营养元素的缺乏都可能引起仔猪的咬尾。有研究表明如果能够在生产实践中增加一些富集材料，例如稻草，或者增添“玩具”来分散猪的注意力，或者直接将群中攻击性较强的猪移走，都可以很好地防止咬尾现象的发生。

英国动物福利法（S.I. 2003 No. 299）规定禁止对仔猪采用程序式的剪牙和断尾，除非农场的兽医能够提供证明在该农场的环境条件下不剪牙会伤害到母猪乳头或其他同伴，或者仔猪可能发生咬尾，才能够进行剪牙或者断尾。如果要进行剪牙和断尾，也必须在仔猪7日龄以内由熟练的有责任心的操作者来完成。在畜禽福利项目实施中，我们进行了仔猪不剪牙、不断尾的试验，结果表明：剪牙、断尾操作组仔猪的叫声频率比假操作组显著增加；剪牙、断尾后的仔猪表现出更多的单独躺卧行为，未剪牙、断尾组的仔猪保育期和育肥期表现出更多的探究行为；另外剪牙、断尾手术还会减少仔猪哺乳后期的增重，未剪牙、断尾组的猪在保育期和育肥期的增重和背膘厚与假操作组无差异，且未出现广泛的咬尾现象。该试验育肥期猪群饲养密度约1.2 m^2/头，每栏设有自由采食料槽和多个饮水器，并装有铁链作为玩具，猪舍设有通风机、湿帘和热风机，用来换气、调节猪舍的温度。研究结果表明，在给猪群提供一定的福利条件后，不剪牙、断尾也是可行的。

对公猪去势能够减少其争斗，以及降低猪肉中的公猪膻味，但是切除睾丸会带给仔猪剧烈的疼痛。频谱分析表明，阉割时仔猪会发出显著高频的尖叫声。由于猪的个体、生理的差异，以及手术者熟练程度的不同，去势后的猪还可能会出现术部出血，肠道粘连等并发症，局部麻醉可以显著降低被阉割猪的心率，改变其行为。欧盟已经规定2012年1月1日起，禁止使用无麻醉的去势手术，到2018年将不准实施去势手术。但是目前国内的养猪业，我们所调查的部分华东和华南的猪场中全部采用了公猪去势，并且是无麻醉式的。

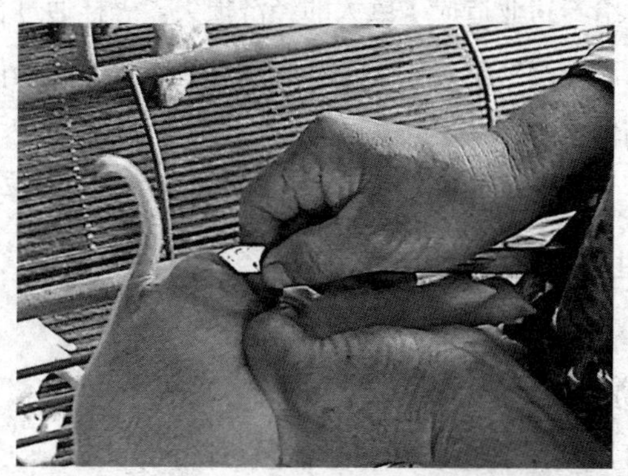

图5.1　仔猪的无麻醉去势

2　仔猪断奶应激

集约化的养猪生产中，为了提高母猪的繁殖利用率而推行的仔猪早期断奶，将仔猪断奶日龄不断地提前。从传统的8周龄提前到3周龄，部分猪场甚至采用了2周龄断奶，在母猪生产效益明显提高的同时，也给养猪生产者带来了仔猪饲养管理、饲料营养及疾病等方面的诸多问题。为了防止断奶仔猪的腹泻，一些猪场多在此阶段给仔猪饲料中添加亚治疗剂量的抗生素和高铜、高锌等。

事实上仔猪断奶是一种严重的应激反应，包括环境、心理和营养三个方面的多重应激反应。目前国内大部分猪场都注意到保育舍内的温度需求，采用了各种方式保障环境温度。但断奶时将母猪和仔猪分开，将仔猪转入保育舍的高床饲养，以及不同窝仔猪间的混群都会使仔猪产生心理应激。仔猪的饲料由液态的乳汁变为固态的配合饲料，使仔猪消化道又面临强烈的营养应激。断奶应激会使仔猪产生一系列不良的生理反应，常表现为食欲差、消化功能紊乱、腹泻、生长迟滞等，产生“仔猪断奶应激综合征”，部分仔猪因此变成僵猪，给养猪业造成了巨大的经济损失。怎样通过合理的断奶日粮配方，以及改善断奶仔猪饲养管理方式来提高断奶仔猪福利也受到人们的极大关注。

（二）生长育肥猪的福利问题

1 饲养密度

生长育肥猪采食量较大，排泄量也较大，饲养密度的大小直接影响猪舍的空气卫生状况。同时饲养密度对猪的采食、饮水、睡眠、运动及群居等行为也有很大的影响。高饲养密度不仅影响到猪舍的温度、湿度、通风，使有害气体、尘埃、微生物的含量升高，还会使猪在食槽周围的活动增加，影响采食行为，降低猪的采食量和生长速度，特别是当夏季气温较高时影响会更大。但是过低的饲养密度也有不利的方面，会减少猪的竞争性采食、增加能耗等，同时降低了猪舍建筑设备的利用率。目前国内大多数的养殖者已经认识到饲养密度对生长猪很重要。在我们的调查中生长肥育猪多采用水泥地面，有小群进行饲养的，每栏9～10头，也有较大群进行饲养的，每栏达到25头，大部分都能够达到饲养密度的国家标准。

2 混群和争斗

从保育舍转到育肥舍，或者由于其他生产的需要，进行混群时，争斗无疑带来了一些福利问题。每个猪群都有其特定的优胜序列，等级较高的猪能够占据有利的采食位置，因此刚开始混群时，会出现争斗行为。在生长育肥猪生产过程中，可以考虑猪探究与玩耍物体的需要，以减少猪群之间的争斗。Edwards（2010年）在研究猪的攻击行为时，发现在圈舍中添加樟脑、桉树油等没有太大的效果，而添加环境富集因子，如利用稻草替换神经中枢药物可降低猪群的攻击行为，并且通过试验证实日龄较小的猪攻击行为较弱，因此建议应尽早进行猪的混群。我们的研究结果表明，仔猪混群前给仔猪喷洒原奶味、奶酪味和香草味的香味剂喷雾，能够显著降低混群后群内的争斗行为，而对仔猪其他行为无显著影响，显著提高仔猪平均日增重，并显著减少仔猪皮肤损伤。

（三）妊娠母猪福利问题

在我们的调查中，大部分猪场对妊娠母猪都采用水泥地面限位栏进行养殖，面积为1.2～1.5 m^2/头。饲养模式是妊娠母猪最主要的福利问题。妊娠母猪的限位栏饲养，可以减少建筑投资，方便养殖者的饲养管理，但是对母猪健康带来了较大的影响。母猪大部分时间是在限位栏度过的，限位栏束缚了母猪的活动，使母猪无法表现正常的摄食活动和社会行为模式，引起了诸如空嚼等刻板行为的发生。饲养在限位栏以及分娩栏中的母猪容易发生蹄部损伤。体重较重的母猪比体重正常的母猪更易患跛残，这与关节部位和后腿上的皮肤损伤有关。跛残会引起母猪不由自主的突然躺卧，增加了仔猪被挤压的概率，也最终使母猪生产性能下降，利用年限缩短。传统的养猪生产常把仔猪出生后哺乳期和断奶前后当成是养猪生产中的瓶颈，往往忽视妊娠母猪的管理，而一些有害病原微生物和寄生虫等恰恰都是由妊娠母猪带入产房的。

目前为妊娠母猪寻找合适的圈舍系统已经引起了世界各国畜牧业工作者的广泛关注。欧盟已经规定从2013年1月1日起禁止使用母猪限位栏，即在欧盟成员国内，母猪从怀孕第29天到分娩前一周只能进行群养。群养就是把几头、几十头甚至数十头、数百头母猪放在一起饲养的方式。群养符合猪的生活习性。母猪舍饲群养有一些明显的优点，舍饲群养可以为母猪提供更多的空间来移动和运动，有利于分娩，同时有利于猪自然社会行为的发生。有研究表明群养母猪有更好的心肺机能和骨骼强度，更低的发病率和更少的异常行为。我们进行了妊娠母猪群养和限位栏饲养的比较试验，发现群养可以大大降低妊娠母猪刻板行为（Stereotypy behavior，即反复地、无明显目的地、机械地重复某一姿势或动作）的发生率，刻板行为持续时间在妊娠第2周，第9周和第14周（每天统计1 h，持续1周）均显著低于限位栏组。

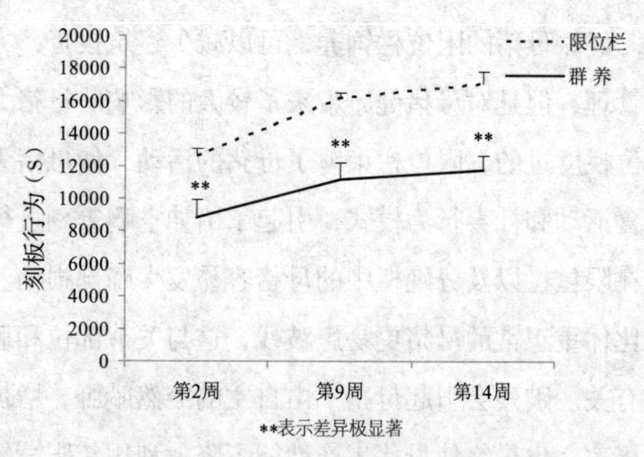

图5.2 限位栏饲养与群养对妊娠母猪刻板行为持续时间的比较

尽管舍饲群养有一些明显的优点，但也存在一些缺点，例如可能会增加猪只之间的争斗，以及加大饲养员检查猪健康状况的难度。目前国际上一些公司开发出母猪智能群养系统，国内也有少部分养猪场购买，但总体价格昂贵，很难全面实施，开发性能良好的国产化母猪智能化群养设备在当前很有必要。

近年来的研究表明，生命早期是一个关键时期，机体通过细胞、分子、生物化学水平的适应对不利于正常发育的环境条件做出反应，这种对营养性应激或环境刺激的早期适应将持续改变机体的生理和代谢。母猪妊娠期的环境应激可能会对仔猪整个生长发育过程都有很重要的影响，因此重视妊娠母猪的福利，对于提高整个猪场的生产水平都有重要的意义。

猪舍环境福利问题

猪舍环境是指其居住空间周围的各种客观环境条件的总和。环境气候的各种因素对猪福利状况有直接的影响，主要包括温度、湿度、光照、空气质量等。研究证明，环境因素在畜禽生产力中的作用占20%~30%。要使优良猪种发挥最高生产水平，一定要高度重视环境对猪生产潜力发挥的重要作用，为猪创造良好的生活环境，充分发挥猪的遗传潜能，并能减少疾病的发生。

（一）温度和湿度

在一般生产条件下，温度的变化是影响猪生产力和健康的主要因素之一。猪是恒温动物，在正常情况下，直肠温度为38.7～39.8℃。不同生长阶段或体重的猪其适宜温度有所不同，新生仔猪需求的温度较高。

环境温度过低，会使仔猪的活动受到限制，哺乳次数减少，营养摄入不足直接影响仔猪的生长速度，此外低温还会引起仔猪的消化道、呼吸道的抵抗力降低从而引发疾病。对于肥育猪，低温环境下为了维持体温平衡，采食量会增大，从而降低了饲料的利用率。我国大部分地区通常都需要给仔猪提供一些保温设备，而在我国北方地区冬季气候寒冷，即使是肥育猪舍内也需要适当提供采暖设备。我们的调查结果表明，我国猪舍内保温设备以红外灯为主，另有部分猪场设有保温用电热板、沼气灯和保温箱等。在北方，有的猪场采用暖水管床面。多数猪场的保温措施使用在断奶/保育仔猪舍，少数猪场在生长肥育猪舍也配备了采暖设备。

猪汗腺不发达，皮下脂肪厚，热量散发困难，导致猪的耐热性很差。环境温度过高，猪的散热受到影响，采食量会减少，而增加散热的调节又使机体增加耗能，饲料转化率下降。有资料表明，温度高于上限临界温度时，每升高1℃，日增重减少30g。此外对于种猪，高温是降低繁殖力的主要环境因素之一。因为热应激可以引起性激素分泌减少，母猪发情率降低，乏情率提高。对于公猪，高温使其睾丸内温度升高，引起精细管生殖上皮变性，影响精子形成和成熟，使精液品质下降，造成母猪受胎率降低。所以生产中夏季防暑降温是我国南方大部分地区必不可少的一项措施。目前国内的部分猪场在除保育仔猪舍以外的其他猪舍内配置了排风扇、冷风机、湿帘、淋水装置甚至是空调等降温设备。在种公猪舍，大多数猪场都配备了最有效的降温装置减少高温对种公猪的影响。表5.1是我们调查的华南地区9个猪场的降温设施情况。

表5.1　华南地区部分猪场猪舍内降温设备的使用情况

		猪场位置	哺乳猪舍	空怀/后备母猪舍	生长肥育猪舍	妊娠母猪舍	种公猪舍
防暑降温设备	种猪场	广东兴宁市永和镇	排风扇、冷风机	排风扇	无	排风扇、淋水	冷风机、淋水
		广东广州市天河区	排风扇、湿帘	排风扇	无	排风扇	湿帘
		广东肇庆市鼎湖区	排风扇、屋顶喷水	排风扇、淋水	排风扇、淋水	排风扇、	排风扇、淋水
	经营种猪和商品肉猪场	广东惠州市博罗县	排风扇	排风扇	排风扇	排风扇	空调、湿帘、排风扇
		广东佛山市高明区	排风扇	排风扇	排风扇、淋水	排风扇、淋水	排风扇、湿帘
		广东鹤山市址山镇	排风扇	排风扇	无	排风扇	排风扇
		广东广州市番禺区	排风扇、湿帘	淋水	淋水	淋水	空调
		广东佛山市南海区	排风扇	排风扇	排风扇、淋水	排风扇、淋水	排风扇、湿帘
		广东佛山市三水区	排风扇	排风扇	排风扇	排风扇	排风扇、湿帘

由上表可见，空怀/后备母猪舍和妊娠母猪舍防暑降温设备设置以排风扇为主，也有猪场配有淋水装置；种公猪舍防暑降温设备配备种类最多，包括排风扇、冷风机、空调和湿帘；哺乳猪舍防暑降温设备以排风扇为主，有两个猪场有配套湿帘降温，另两个猪场有冷风机和屋顶喷水降温措施；生长肥育猪舍防暑降温设施最简单，部分猪场设置有排风扇和淋水降温措施，但也有个别猪场完全没有降温设备。综上所述，华南地区猪场在母猪舍、种公猪舍和哺乳猪舍大多都能配备一定的降温设施。各个猪场哺乳猪舍的降温设施配备差别比较大，调查数据显示配备冷风机降温的猪场仔猪平均初生重达1.5～1.8kg，21日龄前仔猪平均日增重可以达到250g以上，可见有效的降温设施有利于提高仔猪的生产性能。个别猪场对生长育肥猪舍的降温不够重视，降温设施配备不全，有待进一步的改进。

猪群生活的适宜环境湿度为60%～80%（相对湿度）。高湿和低湿对猪群健康和生产力都有不利影响，对猪的影响随着其他环境因素特别是温度的变化而变化。高温低湿使猪舍空气变干燥，猪皮肤和外露黏膜发绀，易患呼吸道病和疥癣病。高温高湿使猪体水分蒸发困难，导致猪的食欲降低、甚至厌食，猪的生长减缓，另外还易使饲料、垫草等霉变而滋生细菌和寄生虫，诱发猪群患病。低温高湿使猪体散发的热量增多，寒冷加剧，影响猪的增重，降低饲料利用率。

猪舍的设计和建造要保证有效的隔热、通风换气、采光和排水。猪舍的外围结构中失热最多的是屋顶，因此设置天棚极为重要，铺设在天棚上的保温材料热阻值要高，而且要达到足够的厚度并压紧压实。也可以采用屋顶加顶棚的形式，用中间的空气阻隔热辐射，将顶棚和屋顶中间变成通风屋顶，使空气从进风口进入，穿过整个中间层从排风口排除，降低太阳辐射热向猪舍内的传导。我们在华南地区调查的9家猪场的保育舍中仅有4家有吊顶。墙壁的失热仅次于屋顶，普通红砖墙体必须达到足够厚度，用空心砖或加气混凝土块代替普通红砖，用空心墙体或在空心墙中填充隔热材料等均能提高猪舍的防寒保温能力。墙壁和屋顶保温隔热性能好，可使猪舍内维持一定的恒定温度。

（二）空气质量

空气质量好坏主要与畜禽舍空气中有害气体、微粒及微生物的含量有关。猪舍中对猪的健康和生产有不良影响的气体统称为有害气体，主要包括氨、硫化氢、一氧化碳和二氧化碳。猪舍中绝大部分有害气体来自猪的排泄物、呼吸和生产过程中有机物的分解。在规模化、集约化饲养情况下，由于猪饲养密度较大，舍内有害气体的浓度增加，加之舍内通风换气不良，使猪的健康受到严重影响。猪舍中氨含量在38 mg/m^3浓度时，就会对猪的增重产生不良影响；70~110 mg/m^3时，会使猪产生呼吸道疾病，猪会出现摇头、流涎或打喷嚏等。猪舍空气中硫化氢含量在30 mg/m^3时，猪食欲丧失或者产生神经症状。一氧化碳和二氧化碳增多可造成猪舍缺氧，引起猪中毒。表5.2是我们春季调查的江苏省5个规模化猪场畜舍内的空气质量，在所有的猪场我们都没有检测到硫化氢，但是与国家标准相比，大多数的猪舍中二氧化碳超标，粉尘超标。

表5.2　江苏省部分猪场猪舍内空气质量

猪场	猪舍	H_2S含量（mg/m^3）	CO_2含量（mg/m^3）	NH_3含量（mg/m^3）	粉尘含量（mg/m^3）
1	断奶仔猪舍	0	4013	10.5	—
	生长猪舍	0	5710	17	—
	妊娠母猪舍	0	2922	20	—
	后备母猪舍	0	5543	22.5	—
2	断奶仔猪舍	0	935	4.75	11.2
	生长猪舍	0	1241	11	5.3
	肥育猪舍	0	1600	18.75	—
	妊娠母猪舍	0	1196	8.25	—
	后备母猪舍	0	2140	7.25	2.6
3	生长猪舍	0	2144	8.75	5.25
	肥育猪舍	0	2450	11.25	8.5
	妊娠母猪舍	0	784	8.5	—
	后备母猪舍	0	2366	10	—
4	断奶仔猪舍	0	708	8	1.5
	生长猪舍	0	1290	15	—

（续）

猪场	猪舍	H_2S含量（mg/m³）	CO_2含量（mg/m³）	NH_3含量（mg/m³）	粉尘含量（mg/m³）
4	妊娠母猪舍	0	1549	9	—
	后备母猪舍	0	1298	12	—
5	断奶仔猪舍	0	1660	14	—
	生长猪舍	0	1138	10.2	—
	肥育猪舍	0	1167	11.3	—
国家标准	空怀妊娠母猪	10	1500	25	1.5
	哺乳母猪	8	1300	20	1.2
	保育猪	8	1300	20	1.2
	生长育肥猪	10	1500	25	1.5

注：以上5个猪场分别位于江苏宜兴市（2个场），江苏金坛市，南京浦口区，江苏连云市。由于设备的原因，部分猪场没有进行粉尘的检测，用“—”表示。

猪舍内由于饲养管理人员的生产操作和猪的活动、采食、排泄等因素，会有大量的微生物和粉尘产生。在密闭式猪舍内若采用干粉料喂猪，粉尘会更多。粉尘主要对猪的呼吸系统造成危害。直径大于10 μm 的粉尘颗粒，一般多停留在猪的鼻腔内；直径在5~10 μm 的颗粒可进入猪的支气管；直径小于5 μm 的颗粒可到达细支气管和肺泡。因此粉尘会对鼻黏膜、气管和支气管产生刺激，使猪易患呼吸道疾病。同时由于粉尘中含有的有机物使微生物容易附着繁殖，增加猪患病的概率；此外，粉尘落到猪体表，影响皮肤的散热和健康，会出现皮肤发痒甚至发炎。因此，应注意绿化猪舍周围环境，加强舍内通风换气，改善猪舍空气质量，保证猪的健康。

通风换气是指促进猪舍内空气流通，增加猪舍内外空气交换，改善猪舍内空气环境的一种措施。其主要目的一是：排除猪舍内有害气体（氨、硫化氢、二氧化碳等）为猪提供新鲜空气；二是排除猪舍内多余的水汽，使舍内湿度保持在适宜的范围内。除自然通风以外，生产中一般会借助风机进行机械通风，强行把猪舍内污浊的空气排出舍外，使舍内形成负压区，舍外新鲜空气在内外压差的作用下通过进气口进入猪舍。在我国部分猪场安装了用于通风换气的管道风机。

（三）地面及其他环境因素

畜舍内的地面是猪生活的主要场所，包括躺卧休息、睡眠、排泄等，因此地面的好坏对动物身体舒适程度、体温调节、健康及卫生非常重要。畜舍内地面一般需要满足三个方面的要求：①保温、防潮；②结实、平坦、防滑；③有利于清洁消毒。漏缝地板的夹缝宽度很关键，如果过小，下漏的效果不好，如果过宽，容易导致猪四肢以及脚底损伤。在畜舍内添加垫料，可以改善舍内环境，对提高猪福利有直接意义。不过垫料必须要及时清除，垫草要定期更新。否则散发的有害气体易造成猪的呼吸道疾病，垫料内的有害微生物和寄生虫对猪的健康也不利。

在集约化养殖生产中，为了有效地控制动物的生产和繁殖性能，会在畜舍内提供照明，称为人工光照。一般来讲，仔猪需要光照较多，成年种猪需要适当的自然光照，育肥猪对光照需要较低。适当的光照能够促进仔猪运动，增加哺乳次数，增强仔猪体质及抵抗力，还有利于后备母猪的发情配种，但对于肥育猪光照不宜过强，否则会引起肥育猪兴奋引发争斗，降低饲料转化率。噪声对猪群也有不利影响，它主要由外界传入、舍内机械和猪自身产生。噪声过大，猪的应激增加，影响其生长和生产性能。猪舍内的噪音不应超过85 dB。

综上所述，猪场管理、猪舍环境都对猪的生长、发育以及繁殖起到了非常直接的作用。为猪创造良好的生产环境，重视猪的福利，才可能充分发挥猪的遗传潜能、减少疾病的发生，从而生产出高质量的畜产品。对于畜舍内环境卫生要求，我国已经颁布了一系列国家标准如GB/T 17824.3—2008，农业行业标准如NY/T 1167—2006等规范猪的养殖环境，对空气中各种有害气体、微粒以及微生物的量都作了明确的规定，但是这些标准是否满足动物福利状态的要求，还需要进一步的研究。在猪的福利评价体系逐渐完善后，需要采取哪些积极的措施去改善猪的福利状况，也还需要进一步的调查和试验。

参考文献

李如治，颜培实. 2012. 家畜环境卫生学[M]. 4版. 北京: 中国高等教育出版社.

顾宪红. 2005. 畜禽福利与畜产品品质安全[M]. 北京: 中国农业科学技术出版社.

Bergeron R, Bolduc J, Ramonet Y, et al. 2000. Feeding motivation and stereotypies in pregnant sows fed increasing levels of fibre and/or food [J]. Applied Animal Behaviour Science, 70(1): 27-40.

Blokhuis HJ, Keeling LJ, Gavinelli A, et al. 2008. Animal welfare's impact on the food chain[J]. Trends in Food Science and Technology, 19:S79-S87.

Brambell Committee. 1965. Report of the technical committee to enquire into the welfare of animals kept under intensive livestock husbandry systems [M]. Her Majesty's Stationary Office, London.

Broom DM. 1986. Indicators of poor welfare[J]. British Veterinary Journal, 142:524-526.

Duncan IJH. 1993. Welfare is to do with what animals feel [J]. Journal of Agricultural and Environmental Ethics, 6:8-14.

Dwyer CM. 2008. The Welfare of Sheep [M]. Springer.

European Commission. 2006. Special Eurobarometer 238 'Risk Issues' [M]. Office for Official Publications of the European Communities: Luxembourg.

Fulwider WK, Grandin T, Rollin BE, et al. 2008. Survey of Dairy

Management Practices on One Hundred Thirteen North Central and Northeastern United States Dairies [J]. Journal of Dairy Science, 91: 1686-1692.

Gonyou HW, Deen J, McGlone JJ, et al. 2005. Developing a model to determine floor space requirements for pigs [J]. Journal of Animal Science, 82:34.

Harrison R. 1964. Animal machines [M]. Vincent Stuart, London.

Heleski CR, Zanella AJ. 2006. Animal science student attitudes to farm animal welfare[J]. Anthrozoos, 19:3-16.

Hughes BO. 1982. The historical and ethical background of animal welfare[M]. How well do our animals fare? Proceeding of the 15th annual conference of the Reading University Agricultural Club.

Huynh TT, Aarnink AJ, Verstegen MW, et al. 2005. Effects of increasing temperatures on physiological changes in pigs at different relative humidities [J]. Journal of Animal Science, 83: 1385-1396.

Karlena GAM, Hemsworth PH, Gonyou HW, et al. 2007.The welfare of gestating sows in conventional stalls and large groups on deep litter [J]. Applied Animal Behaviour Science, 105: 87-101.

Lammers PJ, Honeyman MS, Mabry JW, et al. 2007. Performance of gestating sows in bedded hoop barns and confinement stalls[J]. Journal of Animal Science, 85(5):1311-1317.

Martelli G, Boccuzzi R, Grandi M, et al. 2010. The effects of two different light intensities on the production and behavioural traits of italian heavy pigs[J]. Berliner und munchener tierarztliche wochenschrift, 123: 457-462.

Mason G, Mendl M. 1993. Why is there no simple way of measuring animal welfare?[J]. Animal Welfare 2:301-319.

McGlone J. 1993. What is animal welfare?[J]. Journal of Agricultural and Environmental Ethics, 6:26-36.

Mench JA. 2008. Farm animal welfare in the USA: Farming practices, research, education, regulation, and assurance programs[J]. Applied Animal Behaviour Science, 113:298-312.

O'Connor EA, Parker MO, McLeman MA, et al. 2010. The impact of chronic environmental stressors on growing pigs, sus scrofa (part 1): Stress physiology, production and play behaviour [J]. Animal, 4: 1899-1909.

Renaudeau D, Gourdine JL, St-Pierre NR. 2011. A meta-analysis of the effects of high ambient temperature on growth performance of growing-finishing pigs [J]. Journal of Animal Science, 89: 2220-2230.

Rollin BE. 1990. The Unheeded Cry [M]. Oxford University Press, Oxford.

Rollin BE. 1993. Animal welfare, science and value [J]. Journal of Agricultural and Environmental Ethics, 6:44-50.

Sandoe P, Christiansen SB, Appleby M. 2003. Farm animal welfare: the interaction of ethical questions and animal welfare science[J]. Animal Welfare, 12:469-478.

Verbeke W. 2009. Stakeholder, citizen and consumer interests in farm animal welfare[J]. Animal Welfare 18:325-333.

附　　录

附录A：评价注意事项

1　评价员在评价前至少48 h之内没有去过其他猪场或者屠宰场。

2　评价前评价员需要严格按照待评价猪场的防疫要求进行消毒。

3　评价前评价员应先向场长/技术员简短介绍评价过程，并告知他们评价所需时间。了解养殖场畜舍的布局，最好索取一份养殖场畜舍分布的平面图。

4　评价结束时，对相关人员表示感谢。当所有的猪场访问结束时，告诉管理员他们的猪场可能存在的问题，并根据所有位点的平均评价结果，告知他们猪场的福利得分。

5　所需物品。

- 合适的一次性衣服和脚套
- 记录纸、评价表格和单面夹
- 秒表
- 动物标记喷漆
- 温度计
- 米尺

附录B：评价记录表

母、仔猪舍整体状况访谈记录表

饲养员访谈表（关于母猪仔猪评价，评价前根据访谈信息完成）。

猪场母猪头数？ ________________

即将出栏的生长猪头数？ ________________

过去一年内猪的死亡数？ ________________

	空怀舍	妊娠舍	哺乳舍
猪舍编号（栋）			
猪舍数量			
猪栏数/栋			
母猪头数/栏			
地面类型			
母猪饲养方式（面积）	单栏 群养	单栏 群养	产床 非产床

母仔猪管理评价访谈记录表

猪场名称：　　　　　　　　评价人：　　　　评价时间：

	是	否	比例%	日龄
母猪				
病死母猪百分比/年	—	—		—
淘汰母猪百分比/年	—	—		—
仔猪				
剪牙				
磨牙				
公猪去势				
去势是否使用麻醉药				
断尾				
断尾是否使用麻醉药				
断奶				

生长猪舍整体状况访谈记录表

猪场名称：　　　　　　　　评价人：　　　　评价时间：

猪舍号	(A)	(B)	(C)	(D)	(E)	(F)
体重范围						
房间数/舍						
栏数/间						
猪头数/栏						
地面类型						
室外运动场（有/无）						

访谈结束，画一张整个猪场的草图，包括从保育到出栏所有的猪舍。用上表中字母A～E或者更多字母来标记每个猪舍，并指出每一个猪舍的具体结构（包括猪栏/过道，稻草/石板地面，小/大栏等），确定评价地点，识别栏号并完成一些有关猪舍细节方面的问卷调查。

选定猪的评价信息表

猪舍号						
栏						
长×宽						
饮水器数量						
每栏头数						
进栏日期						
混养（是否）						
最近混养日期						
最后注射时间						
注射头数						
饲喂方式 （自由采食、分次饲喂）						
饲喂时间						

母猪、仔猪和生长猪的精神状态评价

猪场名称：　　　　　评价人：　　　评价时间：

请观察每个栏的猪状态，通过以下打分系统来评价它们的行为表达。

活跃　　0 ________________________ 10

安静　　0 ________________________ 10

无精打采　0 ________________________ 10

无聊　　0 ________________________ 10

恐惧　　0 ________________________ 10

社交　　0 ________________________ 10

玩耍　　0 ________________________ 10

争斗　　0 ________________________ 10

人畜关系（母猪）的评价

猪场名称：　　　　　　　　　评价人：　　　　　评价时间：

猪舍号	栏号	限位栏/散养	耳号	评价得分

社交和探索行为评价表

猪场名称：　　　　　　　　　　评价人：　　　　评价时间：

猪舍号	圈号	猪群规模	第一次评价						第二次评价						第三次评价					
			N	P	S	E	O	R	N	P	S	E	O	R	N	P	S	E	O	R

N：消极社交行为（攻击性行为包括撕咬等）

P：积极社交行为（闻、舔等一些轻柔的非攻击性行为）

S：圈舍探索行为（闻、舔和咀嚼地板的行为）

E：探索稻草与其他玩具行为

O：其他活动行为（包括嗅闻空气）

R：休息行为（躺着静止不动）

妊娠母猪评价表1（饲喂和畜舍福利）

猪场名称:　　　　　　　　　　　评价人:　　　　　评价时间:

猪舍号	栏号	耳号	饲料（0,1,2）	饮水（0,2）	滑囊炎（0,1,2）	肩伤（0,1,2）	体表粪便（0,1,2）	喘息、抱团（0,2）

妊娠母猪评价表2（健康和行为福利）

猪场名称:　　　　　　　　　　　评价人:　　　　　评价时间:

猪舍号	栏号	耳号	跛腿（0,1,2）	体表伤痕（0,1,2）	阴道损伤（0,1,2）	咳嗽、喷嚏、气喘（0,2）	直肠脱垂、腹泻、便秘（0,2）	皮肤炎症、感染（0,1,2）	刻板行为（0,2）

泌乳母猪评价表1（饲喂和畜舍福利）

猪场名称： 评价人： 评价时间：

猪舍号	圈号	耳号	仔猪日龄	饲料（0,1,2）	饮水（0,2）	滑囊炎（0,1,2）	肩伤（0,1,2）	体表粪便（0,1,2）	喘息、抱团（0,2）

泌乳母猪评价表2（健康和行为福利）

猪场名称：　　　　评价人：　　　　评价时间：

猪舍号	圈号	耳号	仔猪日龄	跛腿（0,1,2）	体表伤（0,1,2）	阴道损伤（0,1,2）	咳嗽、喷嚏、气喘（0,2）	直肠脱垂、腹泻、便（0,2）	子宫炎、子宫脱垂、乳房炎（0,2）	皮肤炎症、感（0,1,2）	刻板行为（0,2）

仔猪（窝）评价表

猪场名称：　　　　评价人：　　　　评价时间：

猪舍号	圈号	母猪耳号	仔猪日龄	体表粪便（0,1,2）	喘息、抱（0,1,2）	跛腿（0,1,2）	咳嗽、喷嚏、气喘（0,1,2）	直肠脱垂、腹泻、便秘（0,2）	神经紊乱、八字腿（0,1,2）	去势、断尾、剪牙、（0,1,2）

生长猪呼吸疾病（咳嗽和打喷嚏）评价

在社交行为评价前或在参观完之后开始评价。在猪圈外评价员击掌，使猪站立，5 min后开始评价，时间为5 min/点。

请详细说明：_____ 社交行为评价前_____ 参观完之后

猪场名称：　　　　　　　评价人：　　　　　　评价时间：

栏号						
咳嗽次数						
咳嗽猪的数量						
打喷嚏次数						
打喷嚏猪的数量						
气喘猪的数量						
栏内猪的总数						

生长猪的福利指标评价

轻轻走到栏前，不要惊动猪群，记录喘息、颤抖和抱团猪的头数，并记录每栏猪的头数，然后再对照评价准则打分，为了避免一头猪被评价2次，可以在评价完的猪身上标上记号。如果栏舍比较大，可以用2种颜色标记，具体方法为每几头猪标记1种颜色，确保每个栏有多于15头猪或更多。

猪场名称：　　　　　　评价人：　　　　评价时间：

猪舍号/栏号	/	
栏内猪的头数		
体况		
饮水		
滑囊炎	1分：	2分：
体表粪便	1分：	2分：
喘息、寒战和抱团	1分：	2分：
饲养密度		
跛行	1分：	2分：
体表伤痕	1分：	2分：
咬尾	1分：	2分：
死亡率		
直肠脱垂	头数：	
腹泻率	1分：	2分：
皮肤状况	1分：	2分：
疝气	1分：	2分：

图2.1

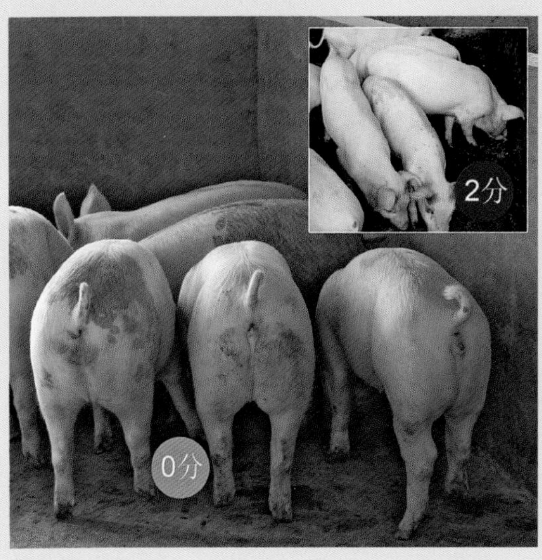

图3.1

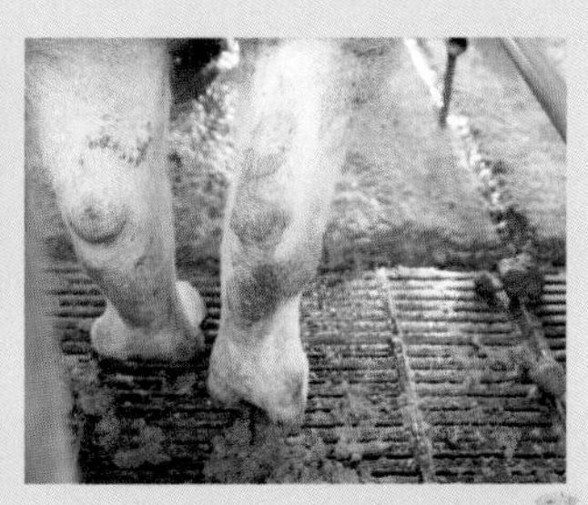

图3.2

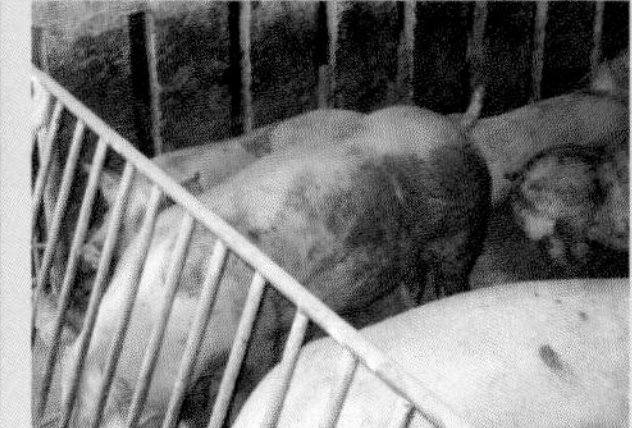

图3.3

图3.4

图3.5

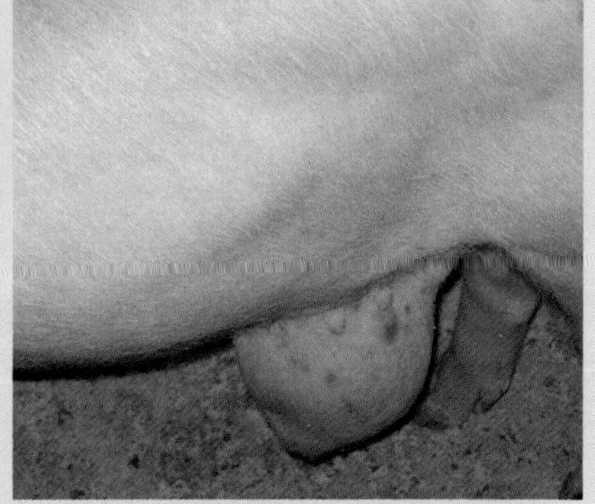

图3.6

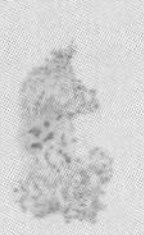